博碩文化

Python

程式設計入門教室

從做中學！淺顯的對話教學！
易懂的程式開發！

森巧尚 著
錢亞宏 譯
博碩文化 審校

U0086724

帶你逐步學習Python！
從簡單的程式設計到人工智慧應用程式開發都體驗得到！

本書
三大特點

 基礎知識
淺顯易懂

 基本語法
快速上手

 逐步帶領
體驗開發

本書範例檔
皆可下載

Python 程式設計入門教室

作　　者：森巧尚
譯　　者：錢亞宏
審　　校：博碩文化
責任編輯：曾婉玲
日文版封面設計：大下賢一郎

董 事 長：蔡金崑
總 編 輯：陳錦輝

出　　版：博碩文化股份有限公司
地　　址：221 新北市汐止區新台五路一段 112 號 10 樓 A 棟
　　　　　電話 (02) 2696-2869　傳真 (02) 2696-2867

郵撥帳號：17484299　戶名：博碩文化股份有限公司
博碩網站：http://www.drmaster.com.tw
讀者服務信箱：DrService@drmaster.com.tw
讀者服務專線：(02) 2696-2869 分機 216、238
（週一至週五 09:30 ～ 12:00；13:30 ～ 17:00）

版　　次：2019 年 4 月初版

建議零售價：新台幣 420 元
I S B N： 978-986-434-382-9 （平裝）
律師顧問：鳴權法律事務所 陳曉鳴 律師

本書如有破損或裝訂錯誤，請寄回本公司更換

國家圖書館出版品預行編目資料

Python 程式設計入門教室 / 森巧尚著；錢亞宏譯 . --
初版 . -- 新北市：博碩文化，2019.04
　面；　公分

ISBN 978-986-434-382-9（平裝）

1.Python(電腦程式語言)

312.32P97　　　　　　　　　　　108003813

Printed in Taiwan

博 碩 粉 絲 團
歡迎團體訂購，另有優惠，請洽服務專線
(02) 2696-2869 分機 216、238

序言

Python 是近年來非常熱門的程式語言。尤其是在人工智慧這個領域上受到大眾的注目。不論是在家電或是機器人，甚至我們日常生活中其實都會接觸到人工智慧。對於 Python 有興趣的讀者，是否也是受到人工智慧的吸引而來的呢？

只要到書店稍微繞一圈，就可以找到許多機器學習或是深度學習等與人工智慧相關的書籍。但是，大部分這類書籍都非常專業且艱深難懂，並且都以 Python 這門程式語言為前提。雖然很多人都抱持著總有一天要學會的決心，不過也會想要在那之前，先以更淺顯易懂的方式來體驗一下。

這本書就是獻給有這種想法的 Python 新手們。透過體貼用心的羊博士以及好奇心旺盛的小芙，一起跟著他們，探索體驗 Python 程式語言。

請多指教！

我們將從能用 Python 寫出的最簡單程式開始，最終會製作出「可以辨識手寫數字」的人工智慧應用程式。既然「從零開始製作人工智慧」太過於困難，那麼只要「利用別人已經製作好的人工智慧」的話，即使是新手也能製作。

而當製作出來的人工智慧應用程式，可以理解我們手寫的數字時，就會有種不可思議的樂趣。只要能夠踏出第一步，那麼接下來就能夠拿出勇氣，繼續往前邁進了吧？

透過本書學習 Python ，你將能體會到 Python 與人工智慧的樂趣，並成為你日後進一步學習 Python 程式語言的敲門磚。

森 巧尚　謹識

目錄

第1章 Python能做什麼？

第2章 認識一下Python

第3章　了解程式的基礎知識

第4章 製作應用程式

第5章　與人工智慧同樂

本書的目標讀者與本書的特點

本書的目標讀者

本書是以完全無基礎知識的讀者為目標，是一本關於 Python 的初學者入門書。以輕鬆簡單、對話教學形式，一邊跟著範例動手製作，一邊學習 Python 的原理。即使是完全無基礎的讀者，也能夠安心地跟隨本書進入 Python 程式語言的世界。

- 沒有程式語言知識的初學者
- 第一次學習 Python 的初學者

本書三大特點

本書是針對不知道「程式語言」或「應用程式」的初學者，以「從頭開始」與「體驗」為精神的超級入門書籍。

即使是完全沒有接觸過的新手也能夠輕鬆學習，內容以下列三項特點進行解說。

特點❶ 以插圖來做摘要說明

在每章開頭都會以漫畫與插圖的形式，說明各章的學習內容與目標。而在漫畫後面則會以插圖穿插，進行摘要說明。

特點❷ 以對話形式解說基本語法

本書會解說最低限度的必要語法。而為了讓學習的過程沒有阻礙，則會以對話的形式為主，進行淺顯易懂的說明。

特點❸ 即使是初學者也能輕鬆製作的範例

本書是寫給第一次接觸程式語言與應用程式的學習者，並準備了能夠輕鬆學習的範例。

我是羊博士

我是小芙

本書的閱讀方式

為了讓那些第一次接觸的初學者們，也能夠無痛學習、安心地進入 Python 程式語言的世界，本書進行了以下的各種設計。

以羊博士與小芙的各種漫畫進行章節的摘要說明
以漫畫進行各章的學習目標說明。

將本章的學習內容以一目了然的方式呈現
以插圖的方式，淺顯介紹該章中的學習內容。

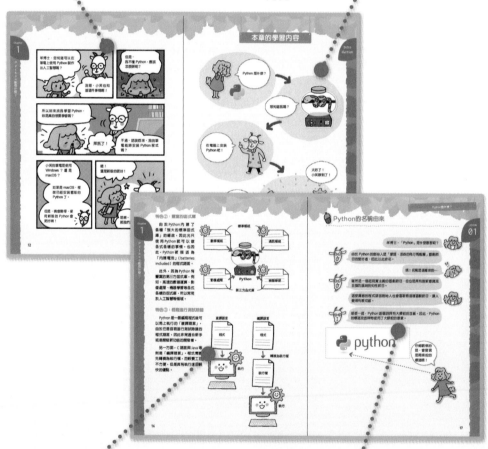

以插圖進行說明
利用大量插圖進行解說，取代困難艱深的說明方式。

以對話形式進行解說
學習過程中，將會以羊博士與小芙的對話為中心，淺顯易懂地進行摘要說明或是對範例解說。

本書範例的測試環境與檔案

本書範例所使用的測試環境

本書所提供之範例，是在以下的環境進行執行測試確認。

作業系統：Windows 10、macOS Sierra （10.12.x）

Python 版本：3.7.2

下載範例檔案

本書所使用之範例檔案，可以在下列網站進行下載。必要時，請將檔案下載到所使用的電腦硬碟當中。

• 範例檔下載網址

URL http://www.drmaster.com.tw/Bookinfo.asp?BookID=MP11808

第1章
Python能做什麼？

Python是什麼呢？

讓我來說明Python的功能以及安裝的方法吧！

本章的學習內容

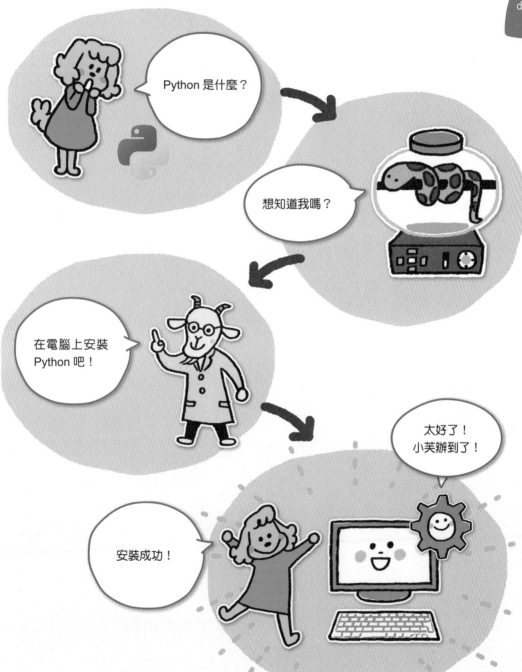

那麼，現在開始學習 Python 囉！ Python 到底是什麼東西呢？

羊博士，您知道可以在個人電腦上製作出人工智慧嗎？

 妳好，小芙。我知道這件事情。

我想在筆記型電腦上製作出人工智慧。一定會是可愛的人工智慧。

可愛的人工智慧？

不會不可愛的。雖然我知道要使用 Python 來製作，但是問題也在這裡。

嗯。

我不知道 Python 究竟是什麼？完全不曉得應該做什麼？我該怎麼辦呢？

 所以，妳來找我學習 Python，妳是真的想要學會嗎？

沒錯！羊博士，拜託你了！

Python是什麼？

Python的誕生是在距今20多年前，由荷蘭工程師吉多·范羅蘇姆所開發的程式語言。

這個出乎意料且古老的Python在最近人氣急速上升。這一切都多虧了其在人工智慧（機器學習）以及大數據分析等研究上的活躍。此外，Google（谷歌）、YouTube、Pixar（皮克斯）等大型企業都是Python的愛用者；而Instagram、Pinterest、Dropbox等網路服務，以及如Pepper的人工智慧部分等，也都是使用Python製作的。因此，其實Python是一個平易近人的程式語言。

Instagram的網站　　　　　　　　　　　Pinterest的網站

啊，我知道了！原來這裡也有使用Python啊！

Python的三項特色

Python本身有三項特色：

特色①：簡潔的程式

Python使用「相同空格數的縮排」來判斷區分同一程式區塊。這個縮排規則使得任何人都可以寫出簡潔易讀的程式。

不要忘記縮排唷！

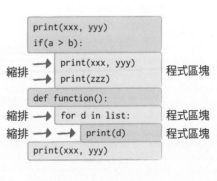

```
print(xxx, yyy)
if(a > b):
        print(xxx, yyy)        程式區塊
        print(zzz)
def function():
    for d in list:                程式區塊
        print(d)                 程式區塊
print(xxx, yyy)
```

縮排
縮排
縮排

15

特色②：豐富的函式庫

由 於 Python 內 建 了各種「強大的標準函式庫」的緣故，因此光只使 用 Python 就 可 以 做各式各樣的事情。也因此，Python 被 描 述 為「內建電池」（batteries included）的程式語言。

此外，因為 Python 有豐富的第三方函式庫，例如：高速的數值運算、影像處理、機器學習等各式各樣的函式庫，所以常用於人工智慧等領域。

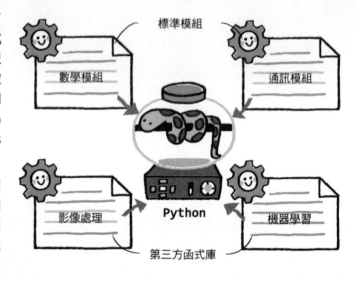

特色③：輕鬆進行測試除錯

Python 是一個編寫程式後可以馬上執行的「直譯語言」。由於它是容易進行測試除錯的程式語言，因此非常適合新手或是開發新功能的開發者。

另一方面，C 語言與 Java 等則是「編譯語言」。程式需要先轉換為執行檔，而較費工且不方便，但是具有執行速度較快的優點。

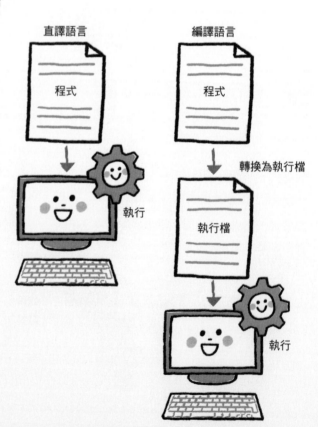

Python的名稱由來

羊博士，「Python」是什麼意思呢？

 由於 Python 的創始人是「蒙提‧派森的飛行馬戲團」喜劇節目的愛好者，因此以此命名。

咦！名稱是這樣來的…

 雖然是一個超現實主義的喜劇節目，但也是具有創新意識流且強烈諷刺的知性節目。

這麼厲害的程式語言創始人也會喜歡看這種喜劇節目，讓人覺得有親切感。

 順便一提，Python 這個詞具有大蟒蛇的含義。因此，Python 的標誌及吉祥物使用了大蟒蛇的意象。

仔細觀察的話，會發現是兩條蛇的標誌唷！

安裝 Python

LESSON
02

首先，將 Python 安裝在電腦中。下面會說明 Windows 版本與 macOS 版本等兩種不同版本的安裝方式。

羊博士，我的電腦也可以安裝 Python 程式嗎？

小芙的電腦作業系統是 Windows ？還是 macOS ？如果是 macOS 的話，則已經安裝了舊版的 Python。但是，機會難得，安裝新版的 Python 更好。

嗯，新版的更好！

是啊。那麼我們來安裝最新版的 Python 吧！

Windows環境的Python安裝方法

我們在 Windows 環境中安裝最新版的 Python 3 版本吧。首先，開啟網路瀏覽器，然後訪問官方網站。

<Python 的官方網站下載頁面>
URL https://www.python.org/downloads/

① 下載安裝檔

從 Python 的官方網站下載安裝檔。

在 Windows 環境下訪問下載頁面，會自動顯示 Windows 版本的安裝檔。點擊❶ [Download Python 3.7.x] 按鈕後，畫面下方會出現程式下載的進度。

❶點擊

「3.7.x」是「3.7.1」～「3.7.9」的意思

這個步驟會在電腦上安裝 32 位元版本的 Python。如果想要安裝 64 位元版本，則點擊在「Looking for Python with a different OS? Python for」後面的「Windows」選項，然後找到「Windows x86-64 executable installer」並點擊下載。

② 執行安裝檔

下載完成之後，畫面下方會如右圖所示，接著點擊❶ [執行] 按鈕，來執行安裝檔。

❶ 點擊

③ 選擇要安裝的項目

接著，會看到安裝程式的啟動畫面。先勾選❶ [Add Python 3.7 to PATH] 選項，再點擊❷ [Install Now] 按鈕。

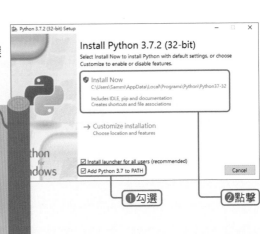

CAUTION
勾選 ❶ [Add Python 3.7 to PATH] 選項很重要。在點擊❷ [Install Now] 按鈕之前，一定要再三確認是否有勾選這個選項。

❶勾選　❷點擊

④ 完成安裝

當安裝完成了之後，畫面上就會顯示「Setup was successful」。如此一來，Python 的安裝就完成了。接著，點擊❶ [Close] 按鈕，就可以結束安裝。

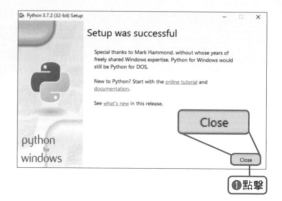

❶點擊

macOS環境的Python安裝方法

我們在 macOS 環境中安裝最新版的 Python 3 版本吧。首先，開啓網路瀏覽器，然後訪問官方網站。

<Python 的官方網站下載頁面>
URL https://www.python.org/
downloads/

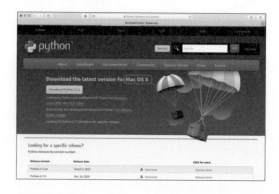

① 下載安裝檔

首先，從 Python 官方網站下載安裝檔。

在 macOS 環境下訪問下載頁面，會自動顯示 macOS 版本的安裝檔。點擊❶ [Download Python 3.7.x] 按鈕。

❶點擊

② 執行安裝檔

下載完成之後執行安裝檔。使用 Safari 網頁瀏覽器時，點擊❶[下載] 按鈕，然後會顯示目前已經下載完成 的檔案，接著雙擊❷[python-3.7.x- macosx10.x.pkg] 來開啟。

③ 進行安裝流程

在「簡介」的畫面中，點擊❶[繼續] 按鈕。

在「請先閱讀」的畫面中，點擊❷[繼續] 按鈕。

在「許可證」的畫面中，點擊❸[繼續] 按鈕。

然後，會出現一個同意軟體許可協議條款的對話框，點擊❹[同意] 按鈕。

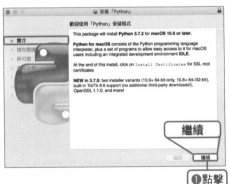

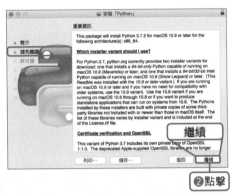

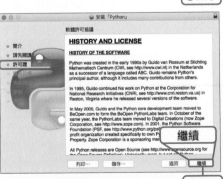

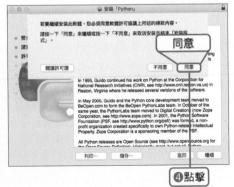

④ 安裝到 macOS

在「選取目標」的畫面中，點擊
❶[繼續]按鈕。然後在「安裝類
型」的畫面中，點擊❷[安裝]按
鈕。

接著，會出現[安裝程式正在嘗
試安裝新的軟體]對話框，在這邊
輸入❸macOS的使用者名稱與密
碼，然後點擊❹[安裝軟體]按鈕。

❶點擊

終於開始安
裝了！

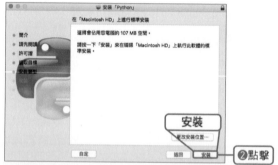

❷點擊

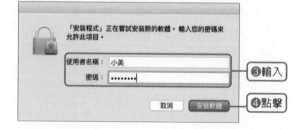

❸輸入

❹點擊

⑤ 完成安裝

等待一段時間之後，畫面會顯示
「已成功完成安裝」。如此一來，
Python的安裝就完成了。接著，
點擊❶[關閉]按鈕，就可以結束
安裝。

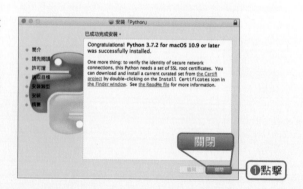

❶點擊

為了在macOS環境下可以輸入中文的更新

　　雖然安裝完成之後，就可以使用 Python 3 了，但是現在（2019 年 3 月時）的安裝檔會無法在 macOS 上輸入中文。因此，需要手動更新相關檔案。另外，若是安裝檔的版本更新後，中文輸入問題已經獲得解決，就沒有必要再進行以下的步驟了。

① 確認 Tcl/Tk 的建議版本

　　Python 要顯示視窗時，會使用「Tcl/Tk」程式，但是因為版本不同的問題，所以無法正確顯示中文。因此，我們要先在 Python 的官方網站上，確認建議使用的「Tcl/Tk」版本。

< Python 官方網站的資訊確認頁面 >
URL https://www.python.org/download/mac/tcltk

　　在「Python Release」中的「3.7.x」旁邊，會看到一個「Recommended（建議使用）Tcl/Tk」欄位，而從右圖中可知道是 ❶「ActiveTcl 8.6.8」版本。這就是建議使用的版本了。

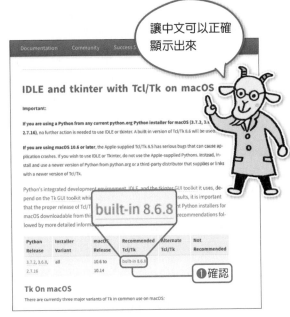

讓中文可以正確顯示出來

② 下載 ActiveTcl 的更新檔

　　訪問 ActiveState 的網站來下載更新檔。

< ActiveState 的下載頁面 >
URL https://www.activestate.com/activetcl/downloads

　　「ActiveTcl 8.6.8.0」是 2019 年 3 月時的最新版本。從表格的「Version」欄位為「8.6.8.0」的右邊找到 ❶ [Mac Package Installer(PKG)] 選項並點擊。

③ 下載安裝檔

網頁的畫面變換之後，就會開始自動下載。

雖然都是英文，但可不能被嚇倒了

④ 開啓安裝檔

下載完成之後，開始執行安裝檔。使用 Safari 網頁瀏覽器時，點擊❶[下載] 按鈕，會顯示目前已經下載完成的檔案，接著雙擊❷[ActiveTcl 8.6.8.0....pkg] 來開啓。

⑤ 開始安裝

在顯示出來的安裝視窗中，雙擊❶[ActiveTcl-8.6.pkg] 來開啓。不過，由於 Apple 無法確認這個開發者的緣故，因此會顯示❷「無法打開⋯，因為它來自未識別的開發者」對話框（如果已經更改過安全性設定，而未出現上述對話框的話，請直接跳到 P.26 的「⑧繼續安裝」來繼續進行安裝）。

⑥ 開啓安全性與隱私設定

為了繼續安裝，首先開啓❶「系統偏好設定」，然後選擇「安全性與隱私」，然後會看到底下顯示❷「『ActiveTcl-8.6.pkg』遭到阻擋無法打開，因為它不是來自已識別的開發者」訊息。

點擊左下角的❸「按鎖頭一下，以進行更改」前的鎖頭，然後輸入 macOS 的❹使用者名稱與密碼，接著點擊❺ [解鎖] 按鈕。

系統偏好設定

❶點擊

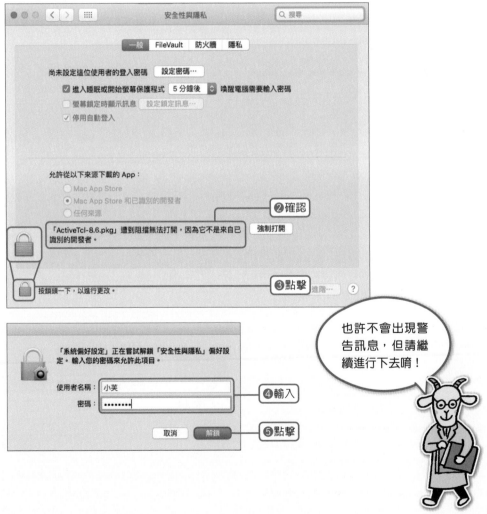

● ● ○ 〈 〉 :::: 安全性與隱私 Q 搜尋

一般 FileVault 防火牆 隱私

尚未設定這位使用者的登入密碼 設定密碼…

☑ 進入睡眠或開始螢幕保護程式 5 分鐘後 ◇ 喚醒電腦需要輸入密碼

☐ 螢幕鎖定時顯示訊息 設定鎖定訊息…

☑ 停用自動登入

允許從以下來源下載的 App：

○ Mac App Store

● Mac App Store 和已識別的開發者

○ 任何來源

❷確認

「ActiveTcl-8.6.pkg」遭到阻擋無法打開，因為它不是來自已識別的開發者。 強制打開

❸點擊 進階… ?

按鎖頭一下，以進行更改。

「系統偏好設定」正在嘗試解鎖「安全性與隱私」偏好設定。輸入您的密碼來允許此項目。

使用者名稱： 小芙

密碼： ••••••• ❹輸入

取消 解鎖 ❺點擊

也許不會出現警告訊息，但請繼續進行下去唷！

⑦ 變更安全性設定後進行安裝

接著，在「ActiveTcl-8.6.pkg 遭到阻擋無法打開，因為它不是來自已識別的開發者」
的訊息旁邊出現❶「強制打開」按鈕，點擊此按鈕。這樣就可以啟動安裝程式了。

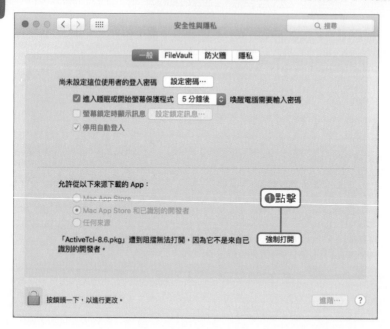

⑧ 繼續安裝

接下來，會出現 ActiveState 的安裝畫
面，詢問「此套件將執行確認軟體是否可被
安裝的程式」，點擊❶ [繼續] 按鈕。

在「簡介」的畫面中,點擊❷[繼續]按鈕。

在「許可證」的畫面中,點擊❸[繼續]按鈕。

在「選取目標」的畫面中,點擊[繼續]按鈕。

在出現的同意軟體許可協議條款的對話框中,點擊❹[同意]按鈕。

在「安裝類型」的畫面中,點擊❺[安裝]按鈕。

然後,會出現「安裝程式正在嘗試安裝新的軟體,輸入您的密碼來允許此項目」的對話框,輸入❻ macOS 的使用者名稱與密碼之後,點擊❼[安裝軟體]按鈕。

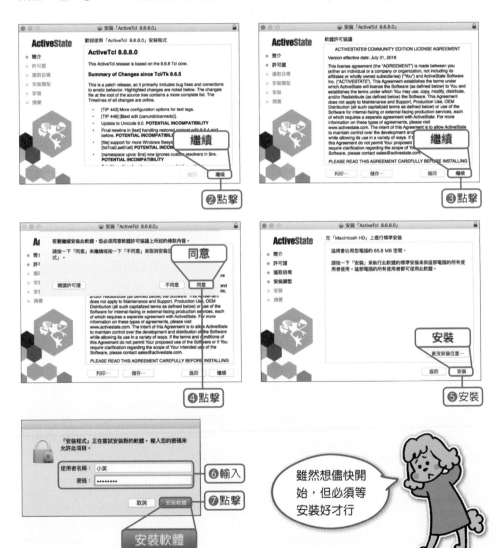

雖然想儘快開始,但必須等安裝好才行

⑨ 完成安裝

等一陣子之後，在「摘要」畫面中會出現❶「已成功完成安裝」的訊息。如此一來，安裝便完成了。點擊❷[關閉]按鈕，即可結束安裝。

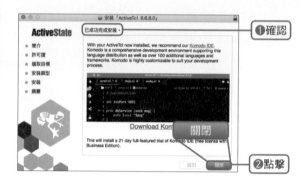

現在 macOS 準備好了！

辛苦了！下一步要開始挑戰 Python ！

完成安裝後，可以把安裝檔刪掉嗎？

若是有正確安裝的話，就可以刪掉了。

但是才剛安裝好就刪掉，還是會令人有點擔心。

有些人會為了以防萬一，而把檔案保存下來。但是，最新版的安裝檔會一直放在網路上，所以沒有問題的。

那我就放心了！

第2章
認識一下Python

想要製作些什麼♪

那就來挑戰使用Python的程式設計法開發簡單的程式吧！

Python 安裝好了！

來執行吧！

Python、Python ♪ 奇怪…？

羊博士，怎麼好像和想像的不一樣？

嗯？哪裡不一樣？

輸入一行命令後，也只會動一行

那是因為現在看到的是「Shell 視窗」！

每輸入一行程式，就立即執行一行程式，這就是所謂的「對話式程式開發」

那不就每次都要重新輸入命令，好麻煩唷！

嗯，沒錯。所以我們要事先把命令寫到一個檔案裡面，製作為程式之後再執行

喔！開始有程式的感覺了

本章的學習內容

開啟 IDLE …

開始寫程式…

使用烏龜繪圖

執行

LESSON

03

從 IDLE 開始

想要執行 Python，就需要應用程式的輔助。我們來使用之前安裝 Python 時，也會一起安裝的「IDLE」吧！

太好了！我的電腦安裝好 Python 了。

那麼趕快來執行它吧！

耶！Python、Python ♪

不過，首先要開啟 IDLE 喔。

IDOL ？偶像在哪裡？

不是 IDOL，而是 IDLE。IDLE 是用來執行 Python 的應用程式。這個名稱也是從 Python 創始人喜歡的喜劇節目而來。因為節目成員中有一個叫做 Eric Idle 的人。

又是這樣！

啟動IDLE

安裝好 Python 後，就來啟動 IDLE 吧。IDLE 是能輕鬆執行 Python 的應用程式。由於只要開啟就能使用，因此很適合初學者使用以及用來確認 Python 的動作。雖然在 Windows 與 macOS 環境中啟動 IDLE 的方式不同，但啟動之後看到的介面是一樣的。

LESSON
03

①Windows 環境是從開始選單中啟動

在開始選單中，選擇 [Python 3.7]→❶ [IDLE]。

只要按下這個按鈕就會出現開始選單

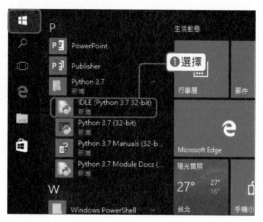

❶選擇

②macOS 環境是從 [應用程式] 資料夾中啟動

在 [應用程式] 資料夾的 [Python3.7] 資料夾中，雙擊❶ IDLE.app。

在 macOS 中，開啟 Finder 的 [應用程式] 資料夾

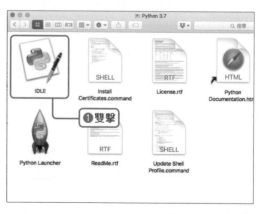

❶雙擊

③ 顯示 Shell 視窗

啟動 IDLE 之後，就會顯示 Shell 視窗。

Windows 的情況

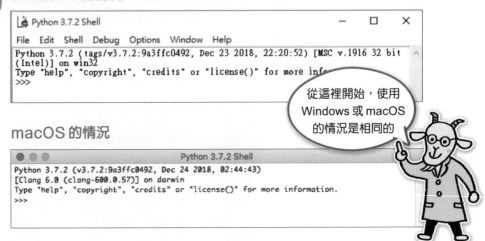

macOS 的情況

執行命令

雖然畫面上顯示了很多訊息，但最後一定會顯示出 >>> 的符號。這個 >>> 符號稱為「命令提示」，是 IDLE 表示已經進入「準備好執行任何命令」的互動交談狀態。

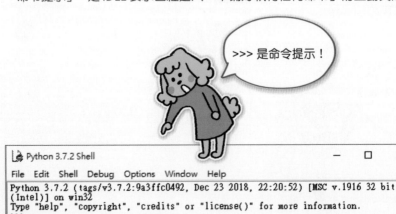

接下來，先執行簡單的命令。這個命令是「print()」，在此命令的 () 中間輸入值，就會顯示出該值。

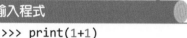

語法：print()

```
print(值)
print(值1, 值2)
```

首先，我們來做簡單的加法運算。輸入「print(1+1)」後，按下 Enter 鍵（或是 Return 鍵）。然後，就會顯示 1+1 的運算結果「2」。

輸入程式

```
>>> print(1+1)
```

輸出結果

```
2
```

因此，在 IDLE 的 >>>（命令提示）後面輸入 Python 的命令，就可馬上執行。

哇！按下 Enter 鍵後，答案「2」馬上就出現。太棒了！

在人們按下 Enter 鍵之前，IDLE 會處於「命令尚在輸入中」的狀態並等待。而當按下 Enter 鍵後，它就會快速執行命令。

在按下 Enter 鍵之前，它都會「乖乖等著」。很厲害唷！

使用各種運算子進行各種計算

除了加法之外，還可以進行減法、乘法、除法等數學運算。此時使用的符號稱為「運算子」。

運算子的種類

符號	運算	符號	運算	符號	運算
+	加法	-	減法	//	整除法（無條件捨去小數部分）
*	乘法	/	除法	%	餘數

那麼，我們來輸入「print(100-1)」，這次會顯示 100-1 的結果「99」。

輸入程式

```
>>> print(100-1)
```

輸出結果

```
99
```

嚇我一跳！出現了一些困難的詞，我從來沒有聽過「運算子」。

雖然「運算子」是一個陌生的詞，但是我們在學校學過「+」與「-」等「加法符號」與「減法符號」。這類符號統稱為「運算子」。

嗯，希望能用更淺顯易懂的詞來說明。我覺得電腦很難。

喔～這樣啊。我會儘量使用容易理解的說明來解釋。

羊博士，我知道「+」和「-」，但是為什麼乘法運算子和除法運算子的符號不是「×」和「÷」呢？

的確符號不同，但這是有原因的。首先，乘法運算子「×」和英文字母的「x」相似。

這個嘛～確實很像。

若是把「x乘x」寫成「x×x」的話，就會容易誤讀。

哎呀，分不清哪個是乘號了。

所以才會改用「*」符號來表示乘法運算子，以和「乘號」區別。

那麼「÷」呢？這應該不容易弄錯吧。

但是，鍵盤上並沒有「÷」符號。雖然，現在可以使用輸入法打出來，但以前還打不出來時，便只能用「/」符號了。

但是，為什麼是「/」符號呢？

這是以分數表示除法運算子。例如：「1÷2」可以用分數的「$\frac{1}{2}$」來表示，稍微把它傾斜顯示，就成了「½」。

嗯，是有點傾斜。

LESSON

04

文字也可顯示

在程式中處理的文字資料，稱為「字串」。

我想要顯示自己的名字，所以寫了「print(小芙)」，但是出現一堆奇怪的紅色文字。怎麼回事呢？

```
Python 3.7.2 Shell                                    —    □    ×
File  Edit  Shell  Debug  Options  Window  Help
Python 3.7.2 (tags/v3.7.2:9a3ffc0492, Dec 23 2018, 22:20:52) [MSC v.1916 32 bit
(Intel)] on win32
Type "help", "copyright", "credits" or "license()" for more information.
>>> print(小芙)
Traceback (most recent call last):
  File "<pyshell#0>", line 1, in <module>
    print(小芙)
NameError: name '小芙' is not defined
>>>
```

發生錯誤了…

這是顯示錯誤訊息。IDLE 表示「我無法理解這個命令」。

咦！我只是想要顯示自己的名字而已。

這種時候要在文字的前後加上「"」(雙引號) 來框住它。

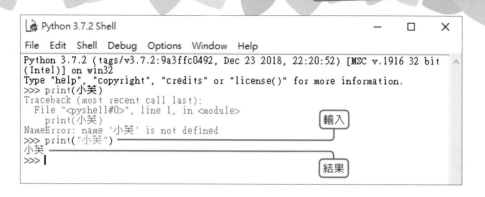

出現了！它終於說出了我的名字。

 顯示字串

接下來，我們來顯示字串。字串是在文字的兩邊加上「'」（單引號）或是「"」（雙引號）框起來。想使用哪種符號都可以，只要兩邊使用一致的符號即可（在本書中是使用雙引號）。

例如：想要顯示「Hello」時，就輸入「print("Hello")」。然後，下一行就會顯示「Hello」。

輸入程式

```
>>> print("Hello")
```

輸出結果

```
Hello
```

將字串和數字組合顯示

在 print 敘述的 () 中，使用「,」（逗號）區隔，就可以將多個值並列顯示。我們輸入「print(" 答案是 ", 10+20)」，就會出現「答案是 30」這種字串與計算結果並列顯示的畫面。

輸入程式

```
>>> print("答案是", 10+20)
```

輸出結果

```
答案是 30
```

又出現「字串」這種奇怪的詞了。不能稱為「文字」嗎？

一般是使用「文字」來稱呼。但是，在電腦的世界中，「文字」和「字串」略有不同之處。

什麼意思呢？

例如：以「大家早安」來說，「大」、「家」、「早」、「安」等一個一個的字是「文字」，而若是「大家早安」這樣的連接狀態則稱為「字串」。依據處理電腦資料方式的不同，會有不同的稱呼。

字串

大 家 早 安

文字

嗯！總之，兩個字以上的就是「字串」。

我們必須在字串的兩邊加上「'」（單引號）或「"」（雙引號）來框住。

咦？那要用哪一種呢？

使用哪一種都可以唷。但是兩邊使用的符號一定要相同。例如：輸入「print(" 你們大家好')」的話，就會發生錯誤。

LESSON

04

輸入程式

```
>>> print("你們大家好')
```

輸出結果

```
SyntaxError: EOL while scanning string literal
```

那為何有兩種引號呢？

由於有兩種引號，就能把彼此的符號互相顯示出來。舉例而言，輸入「print('我用"大家早安"打招呼。')」，就能顯示出「"」。因為是用「'」開始、「'」結束來表示字串，所以在中間的「"」就會被當成普通的文字來處理了。

輸入程式

```
>>> print('我用"大家早安"打招呼。')
```

輸出結果

```
我用"大家早安"打招呼。
```

有這種技巧可用啊！

LESSON

05

在檔案寫程式

我們已經學會使用 Python 執行簡單的命令了，接下來是將命令寫入檔案裡來製作程式。

羊博士～我覺得和想像的不一樣耶。

嗯？怎麼說呢？

我寫一行命令，它也只會動一行，Python 是這樣的東西嗎？

因為我們現在使用的是「Shell 視窗」。這是一種每輸入一行就馬上執行的「對話式程式開發」。

但是，要一行一行地輸入命令，太麻煩了吧！

說的沒錯。所以，一般在寫程式時，其實是使用別的方法來製作。事先將整個程式寫入檔案裡，然後才去執行。

終於，越來越像程式了。

打招呼程式

那麼，讓我們將程式寫入檔案並執行吧。

主要分為以下三個步驟。

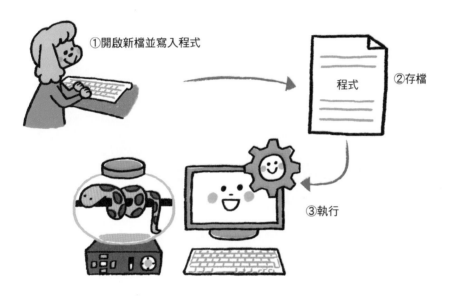

①開啟新檔並寫入程式

程式

②存檔

③執行

 製作程式

1 **先從「開啟新檔」開始**

選擇 [File] 選單→❶ [New File]。

雖然這是
Windows 的畫面，
但內容和 macOS 是
一樣的喔！

Python 3.7.2 Shell

File Edit Shell Debug Options Window Help

New File	Ctrl+N
Open...	Ctrl+O
Open Module...	Alt+M
Recent Files	
Module Browser	Alt+C
Path Browser	
Save	Ctrl+S
Save As...	Ctrl+Shift+S
Save Copy As...	Alt+Shift+S

fc0492, Dec 23

dits" or "licen

❶選擇

② 顯示輸入程式的視窗

接著，會出現一個空白的視窗畫面。我們將在這裡輸入程式。

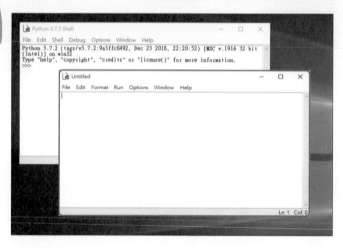

一片空白～

③ 輸入程式

輸入下列二行程式來完成「打招呼程式」。

hello.py

```
print("小芙，你們大家好。")
print("今天的天氣真好呢。")
```

CAUTION **輸入中文的時候**

還沒有習慣操作之前，輸入中文的時候要小心。輸入完中文之後，若沒有把輸入法從中文模式切換回來而繼續寫程式的話，就會發生錯誤。輸入完中文之後，千萬記得切換回英數字的輸入模式喔！

④ 儲存檔案

選擇 [File] 選單→❶ [Save]。

MEMO

檔案的儲存位置

建議把檔案儲存在不容易忘記的位置。本書為了方便起見,直接儲存在桌面上。

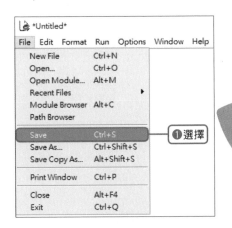

❶選擇

⑤ 在檔名末尾加上副檔名

在 [檔案名稱] 欄位中輸入❶檔案名稱,然後點擊❷ [存檔] 按鈕。

由於 Python 檔案的副檔名為「.py」,因此會如 hello.py 這樣,在名稱的末尾加上「.py」。

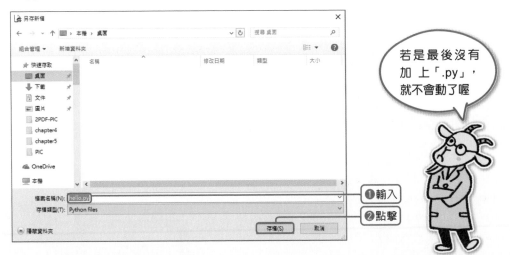

❶輸入

❷點擊

若是最後沒有加上「.py」,就不會動了喔

又出現奇怪的詞了。「副檔名」是指檔案有兩個名字嗎?

在電腦當中，有多種類型的檔案。為了區別檔案的類型，會在檔案名稱的末尾加上「標誌檔案格式的記號」，而這個就是副檔名了。

原來是一種「記號」啊！說到「名」，我還以為是像女生一樣喜歡給自己取綽號。真奇怪！

Python 的話，就是在檔案名稱的末尾加上半形文字的「.py」。

⑥ 執行程式

選擇 [Run] 選單→❶[Run Module]。然後，Python 就會顯示❷打招呼的訊息了。

Python 在和我打招呼了耶！

執行

輸出結果

小芙，你們大家好。

今天的天氣真好呢。

我還以為會直接顯示在寫好的程式下面，結果卻顯示在 Shell 視窗中。

程式檔案是寫入「要執行什麼」的地方，和執行結果是不同的東西。Shell 視窗可執行命令並顯示結果。

所以，用來寫程式的地方是「檔案」，而用來執行程式的地方是「Shell 視窗」。

MEMO

發生錯誤時要怎麼辦？

不能順利執行時，請不要驚慌，先仔細檢查程式。

常見的錯誤有：「忘記加上 " 符號」、「少了) 符號」或是「弄錯命令的大小寫」、「在命令或是符號上輸入了全形文字」、「輸入了多餘的半形空格」等。這些是每個人都曾犯下的錯誤。

發生錯誤好可怕！

求籤程式

接下來，我們來製作「求籤程式」。這個程式會在每次執行時顯示不同的結果。

① 建立新檔並輸入程式

下列三行程式是「求籤程式」的內容。這裡先依照內容來輸入程式到檔案裡（關於程式內容的解說，請詳見第3章的說明）。

omikuji.py

```python
import random
kuji = ["大吉", "中吉", "小吉", "凶"]
print(random.choice(kuji))
```

> 求籤看起來很有趣！

> 即使現在還看不懂細節，也沒有關係，就先照著輸入吧！

② 儲存檔案

選擇 [File] 選單→ [Save]，然後使用「omikuji.py」作為檔名來存檔。

③ 執行程式

執行程式後，會顯示求籤的結果。每次執行時都會顯示不同的結果。

輸出結果

小吉

大吉

凶

這是使用「random」功能來製作「執行相同的程式卻每次出現不同結果」的程式。

我執行後，第一次出現小吉，第二次出現大吉耶！好棒喔！

LESSON
05

程式

random

小吉

凶

大吉

每次都會變化，
好有趣喔！

關於 random 的細節，
請詳見後續的說明唷！

計算BMI值程式

這次我們要來製作「輸入身高與體重之後,計算出表示肥胖程度的 BMI 值」的程式。

① 建立新檔並輸入程式

下列四行程式是「計算 BMI 值程式」的內容。這裡先依照內容來輸入程式到檔案裡(關於程式內容的解說,請詳見第 3 章的說明)。

bmi.py

```python
h = float(input("請問您身高多少cm？")) / 100.0
w = float(input("請問您體重多少kg？"))
bmi = w / (h * h)
print("您的BMI值為：",bmi,"。")
```

這次的程式有點長,請小心不要輸入錯誤哦!

② 儲存檔案

選擇 [File] 選單→ [Save],然後使用「bmi.py」作為檔名來存檔。

MEMO

BMI(身體質量指數)是什麼?

BMI 是 Body Mass Index 的縮寫。這是以身高與體重來表示是否過胖或過瘦的一種數值。

※ 世界衛生組織(WHO)的定義(http://www.euro.who.int/en/health-topics/disease-prevention/nutrition/a-healthy-lifestyle/body-mass-index-bmi)

BMI	狀態
不滿 18.5	過瘦
18.5 以上 ~24.9 以下	標準
25.0 以上 ~29.9 以下	稍胖
30.0 以上 ~34.9 以下	肥胖(輕度)
35.0 以上 ~39.9 以下	肥胖(中度)
40 以上	肥胖(重度)

③ 執行程式

執行程式之後，會看到「請問您身高多少cm？」的問題，此時輸入你的身高，就會看到「請問您體重多少kg？」的問題，接著輸入你的體重，最後會顯示計算過的BMI值了。

輸出結果

請問您身高多少cm？171 —— 輸入身高與體重

請問您體重多少kg？64 ——

您的BMI值為： 21.887076365377382 。

記得輸入半形數字喔！

這是使用「input」功能來製作「依據人們的輸入而改變結果」的程式。

不要讓女生輸入體重啦！

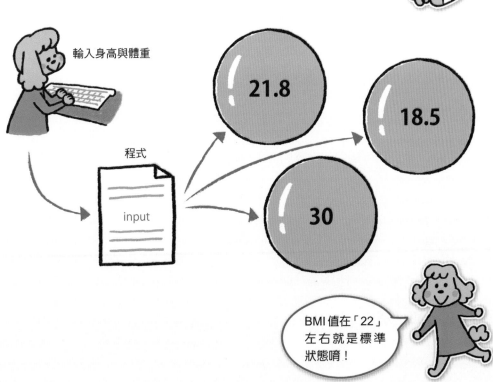

輸入身高與體重

程式

input

21.8

18.5

30

BMI值在「22」左右就是標準狀態唷！

51

如何開啓存檔好的程式？

哎呀！我不小心關掉視窗了。輸入了老半天，程式就消失不見了嗎？

放心！只要有好好存檔，就可以再次開啟檔案。

① 開啓檔案對話框

選擇 [File] 選單→❶ [Open]，來開啓檔案對話框。

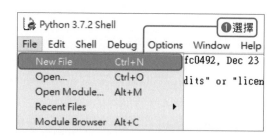

② 選擇先前已經儲存的檔案

選擇要開啓的❶檔案，然後點擊❷ [開啓] 按鈕。

啊！還好還在～

但是，我忘記關掉視窗的時候，有沒有先存檔？

要是忘記存檔的話，在關閉視窗的時候會跳出「這個檔案還沒有存檔，是否要在關閉之前存檔？」的對話框。只要在這個對話框中按下 [是] 按鈕，就會確實存檔，不用擔心。

LESSON
05

```
h = float(input("請問您身高多少cm？")) / 100.0
w = float(input("請問您體重多少kg？"))
bmi = w / (h * h)
print("您的BMI值為：", bmi, "。")
```

Save On Close
Do you want to save this untitled document before closing?

是(Y)　　否(N)　　取消

需要存檔時，就按下 [是] 按鈕

當然要選擇 [是] 啦！

這真是太貼心了。

MEMO　使用純文字編輯器來寫程式

由於 Python 的程式都是純文字檔案，因此也可以使用 IDLE 以外的純文字編輯器來進行開發。只要把純文字檔案的副檔名命名為「.py」，就可以從 IDLE 的 [File] 選單→選擇 [Open] 來載入。

最近的純文字編輯器可以理解 Python 的程式碼，並有語法上色的功能（可將程式語言的語法及用語，使用讓人易懂的方式自動上色區分），使用起來非常方便。如果覺得 IDLE 用起來不順手時，則請試試看這些編輯器吧！

LESSON

06

使用烏龜繪圖

Python 中有個「龜圖模組」（Turtle Graphics），是為了程式設計教育而設計的功能。讓我們來試試看吧！

一直只是顯示文字，我覺得好無聊喔！

小芙，妳也太快感到無聊了吧。那麼，來繪圖如何呢？當烏龜爬過的地方就會畫線，這是針對小朋友們所開發的程式唷！

咦！可是我已經不是小朋友了。但是，為什麼烏龜爬行時會畫線？

這是以畫線表示烏龜爬行的路徑。就像是足跡一樣。

是這樣嗎？足跡的話應該是一個點、一個點的吧，畫線的話用蛇當代表不是更好嗎？你看，Python 的意思就是蛇啊。

是這樣，沒錯啦…

使用烏龜畫直線

我們來使用「龜圖模組」（Turtle Graphics）繪圖吧！

這是一個烏龜直線前進並畫出「直線」的程式。

輸入下列四行程式並執行。執行之後，就會開啓另外一個視窗，然後會看到烏龜開始爬行且畫出直線。

LESSON
06

turtle1.py

```
from turtle import *  ……準備使用龜圖模組
shape("turtle")  …………烏龜登場
forward(100)  ……………直線前進100
done()  ……………………結束
```

輸出結果

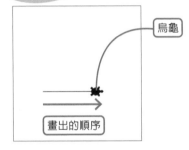

烏龜

畫出的順序

烏龜爬出了一條線了

雖然看不懂程式，但是烏龜從左邊爬到右邊了耶！

forward 這個字翻成中文就是「前進」的意思。所以，forward(100) 的話，就是前進 100 的意思。

那也可以往後退嗎？

如果使用 back 的話，就可以往後走。如果使用 left 或 right，則可以往左右轉。例如：left(90) 就是往左轉 90 度的意思。

可以四處爬來爬去。

畫正方形

 ·

 ·

接下來，我們來製作「畫正方形」的程式。重複「前進並轉90度」的動作4次，就可以畫出正方形。

輸入下列六行程式並執行（和 turtle1.py 不同的部分，會加上標記）。

turtle2.py

```
from turtle import *  ……準備使用龜圖模組
shape("turtle")  …………烏龜登場
for i in range(4):  ……下列二行要重複做4次
    forward(100) …………直線前進100
    left(90)  ……………轉90度
done()  ……………結束
```

輸出結果

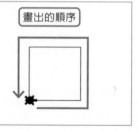
畫出的順序

在 forward 和 left 前面多了一些空格，把它拿掉吧！

等一下！那是非常重要的縮排唷！

不過是空格而已，為何很重要？

在 Python 這個程式語言中，空格有著重要的意義。

我差一點就要把它拿掉了。

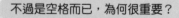

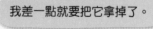

不可以把這4個半形空格拿掉喔

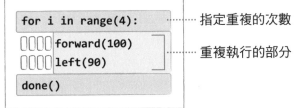

```
for i in range(4):        ……… 指定重複的次數
□□□□forward(100)
□□□□left(90)              重複執行的部分
done()
```

LESSON
06

MEMO

輸入縮排的方法

只要使用 Tab 鍵或 Space 鍵，就可以輸入縮排了。但是，由於 IDLE 是「專門為了 Python 而設計」的應用程式，因此具有「需要時會自動縮排」的功能。

例如：當編寫「for」命令並換行時，下一行需要縮排，因此它將自動縮排，這時可以直接繼續輸入命令。當再換行時，下一行也會是縮排的狀態，可以很輕鬆地繼續輸入程式。

由於會自動縮排，因此當不需要縮排時，就必須自己手動「刪除縮排」。在 Windows 中是使用 Backspace 鍵，在 macOS 中是使用 Delete 鍵，可把換行縮排的狀態刪掉。

CAUTION

不可以在前面輸入多餘的空格

在 Python 中，縮排具有特別的意義。因此，反過來說，在不需要縮排的地方輸入了多餘的空格，就會發生錯誤。若是命令正確，卻發生錯誤，請確認前面是否輸入了多餘的空格。

畫彩色星星

接下來，我們來製作「畫星星」的程式。只要重複「直線前進並轉 144 度」的動作 5
次，就可以畫出星星了。機會難得，事先準備好 5 種顏色的名稱，讓線條的顏色也一起
變化。

輸入下列八行程式並執行（和 turtle2.py 不同的部分，會加上標記）。

turtle3.py

```
from turtle import *        ……準備使用龜圖模組
shape("turtle")            …………烏龜登場
col = ["orange","limegreen","gold","plum","tomato"]…準備5種顏色的名稱
for i in range(5):        ………下列三行要重複做5次
    color(col[i])         …………改變線條顏色
    forward(200)         …………直線前進200
    left(144)            …………轉144度
done()                  …………………結束
```

第5~7行要縮排！

輸出結果

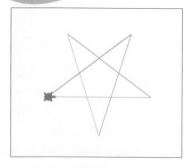

是星星耶！
太棒了！

 畫出的順序

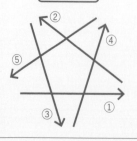

 **畫彩色花**

接下來，把先前的「畫星星」程式改寫為畫花朵的程式。

將要重複的動作更改為「繪製半徑為 100 的圓並轉 72 度」，就可以畫出花朵了。

請修改第 6 行和第 7 行的程式並執行。

LESSON
06

turtle4.py

```python
from turtle import *
shape("turtle")
col = ["orange","limegreen","gold","plum","tomato"]
for i in range(5):
    color(col[i])
    circle(100)  …………………畫半徑為100的圓
    left(72)  …………………轉72度
done()
```

輸出結果

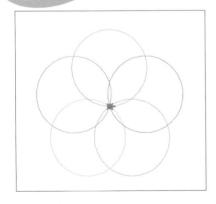

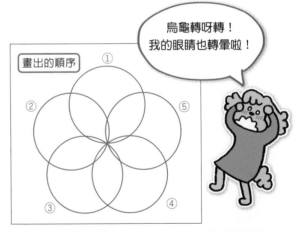

畫出的順序 ① ② ⑤ ③ ④

烏龜轉呀轉！
我的眼睛也轉暈啦！

只是稍微修改了程式，居然就有這麼大的變化！

只要修改重複的次數、旋轉的角度等，就可以變化出各種形狀喔！

各種都來試試看吧！

59

繪製更複雜的圖案

如果你寫出更複雜的程式，就可以畫出更複雜的圖案了。請參考IDLE的示範畫面吧！

① 顯示龜圖模組的示範畫面

選擇[Help]選單→❶[Turtle Demo]，
以顯示龜圖模組的示範畫面。

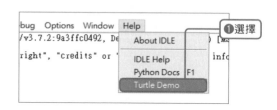

❶選擇

② 選擇要觀看的範例

這個示範畫面的[Examples]選
單中，有各種的範例。只要更改程
式，就可以繪製各種圖案。例如：
選擇[Examples]選單→❶[forest]。

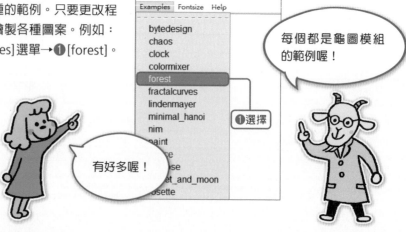

每個都是龜圖模組
的範例喔！

❶選擇

有好多喔！

③ 顯示森林的範例

左側會顯示很多程式，雖然
程式本身不容易看懂，但畫面
下方會顯示[START]按鈕。點
擊❶[START]按鈕，會自動畫
出各種樹木。

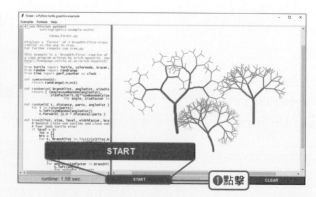

❶點擊

第3章
了解程式的基礎知識

讓我來說明
程式的設計方法
和語法吧!

我想知道
程式的基礎知識!

小芙，你知道程式是怎麼設計出來的嗎？

嗯？不知道耶！難道要找更聰明的人來幫我設計嗎？

不是這樣的。你必須要自己設計程式才行唷！

不過，程式語言的結構其實只有三種…

只有三種？

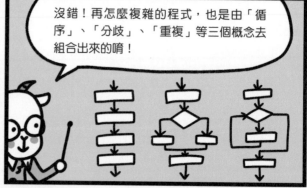

沒錯！再怎麼複雜的程式，也是由「循序」、「分歧」、「重複」等三個概念去組合出來的唷！

只要採用這三種結構來設計，就能寫出程式了…

只有三種的話，那我也會！

很好！那就一起來試試看吧！

本章的學習內容

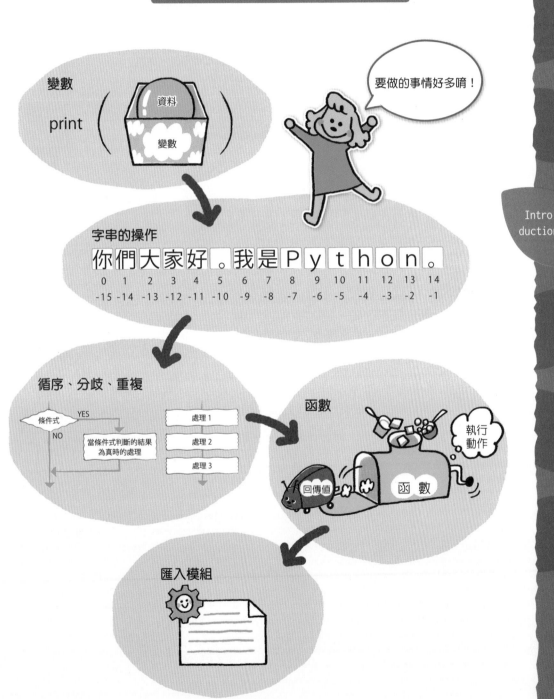

變數

print (資料 / 變數)

要做的事情好多唷！

字串的操作

你們大家好。我是Python。

0 1 2 3 4 5 6 7 8 9 10 11 12 13 14
-15 -14 -13 -12 -11 -10 -9 -8 -7 -6 -5 -4 -3 -2 -1

循序、分歧、重複

條件式 — YES
NO
當條件式判斷的結果
為真時的處理

處理1
處理2
處理3

函數

執行動作

回傳值   函數

匯入模組

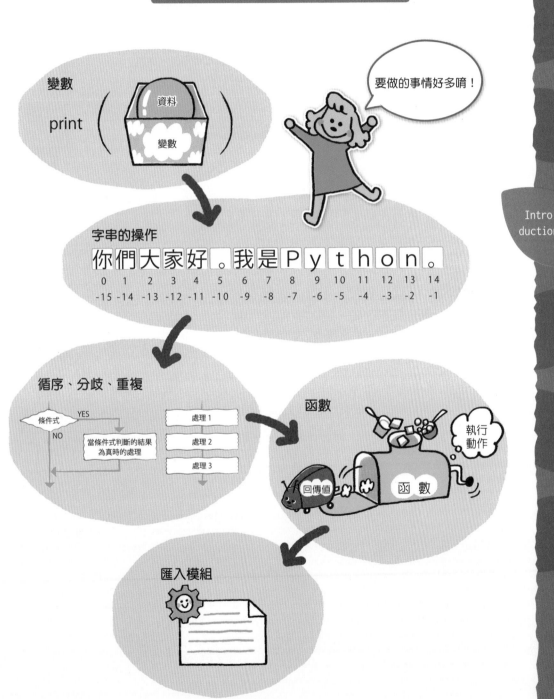

LESSON

07

程式是什麼？

平常在使用「程式」這個詞的時候，也許不會特別去注意到其意義。請再次思考「程式」所代表的意思為何？

那麼，終於要來解說什麼是程式了。

「程式」聽起來讓人害怕，我真的能寫出來嗎？

電腦無法做人類沒有教導的事情，就像是「一個孩子」。

咦！是這樣啊。

由於電腦什麼都不知道，因此需要一步步教導它做什麼。而這就是所謂的程式喔！

電腦給人的感覺就像是小孩子一樣。這樣的話，我覺得沒那麼害怕了。

程式是什麼？

程式究竟是什麼呢？程式（program）這個詞具有「pro」（預先）與「gram」（寫的內容）的含義。也就是說，這是已預先寫好了接下來要做什麼的「program（計畫書）」。

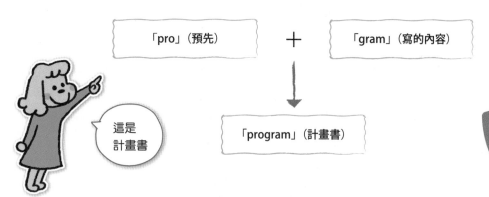

我們的周遭也常會聽到「program」，它們都有相同的含義。像是演奏會的 program 是指「接下來要演奏的曲目計畫書」，節食的 program 是指「接下來要節食的飲食計畫書」，因此電腦的 program 就是「接下來電腦要做什麼的計畫書」。

至於程式的寫法，則會根據程式語言的不同而有所差異。以 Pyhton 而言，是怎麼寫的呢？讓我們一起來了解吧！

LESSON

08

把資料放入「容器」中使用

對程式而言，資料是很重要的。我們來了解用來收納資料的容器以及資料的種類吧！

小芙，當妳想吃點心的時候會怎麼做呢？是不是會把「果汁」倒入「杯子」裡來喝，然後把「鬆餅」放入「盤子」裡來吃呢？

羊博士，你越講我肚子越餓（肚子咕嚕咕嚕叫）

其實對程式而言，容器是很重要的。「資料」也是要放進「容器」裡來使用。而這個「放置資料的容器」就是所謂的「變數」。

不管是點心或資料，都要放入「容器」裡。

容器 　　　　　　　　　　　點心（三色糰子）

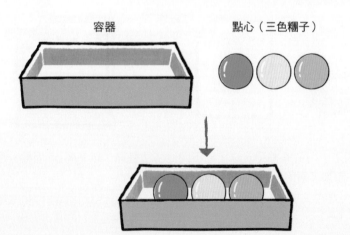

變數的使用方法

資料需要放入稱為「變數」的「資料收納箱」中來使用。在變數中，會將資料暫時放在裡面保管，或是將計算的結果放進去。

和其他的程式語言不同，在 Python 中可以非常簡單地宣告變數。只要寫下「變數名稱 = 值」，就可以宣告變數了。例如：想把 10 放進變數 a 之中，則只要寫下「a = 10」就可以了。

當想要使用變數當中的內容時，就要使用「變數名稱」。

例如：想要顯示變數 a 的內容時，就寫下「print(a)」來輸出變數內容。

語法：變數的使用方法	

變數名稱 = 值 ⋯⋯⋯⋯⋯⋯⋯宣告變數來放入值
print(變數名稱) ⋯⋯⋯⋯⋯顯示出變數的內容

LESSON
08

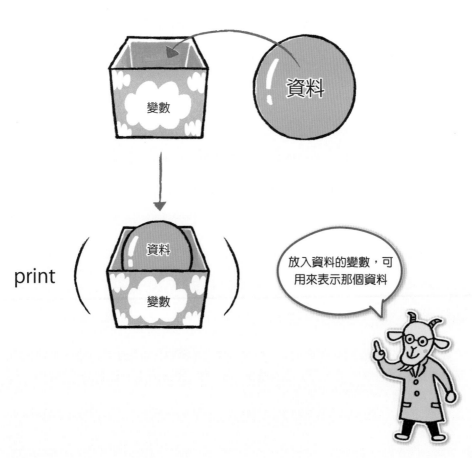

放入資料的變數，可用來表示那個資料

顯示變數

那麼，我們來把值放入變數中，並顯示變數內容。

執行下列的程式後，就會把「10」放入變數中，並顯示出這個值。

var1.py

```
a = 10 ················將值代入變數中
print(a) ················顯示變數的內容
```

輸出結果

```
10
```

這就是變數啊！真是奇怪的名字。

它的意思是「可以變動的數值」。

數值可以變動的話，有什麼好處嗎？

即使是相同的程式，只要更改了變數的內容，結果就會不同。因此，對於使用者的輸入，可以輸出屬於那個使用者的結果。

很高興可以有屬於我的輸出結果。

使用變數來進行計算

我們以第 2 章中計算 BMI 值的公式來做運算。所謂的 BMI 值是衡量肥胖程度的數值，其根據身高（h，單位是公尺）以及體重（w，單位是公斤），使用「w÷(h×h)」公式計算出來。這裡我們使用變數來進行計算。

執行下列的程式後，就會顯示計算結果。

var2.py

```
h = 1.71
w = 64
bmi = w / (h * h)  …………使用變數來進行計算
print(bmi)
```

輸出結果

```
21.887076365377382
```

嗯，怎麼突然變難了。

這是因為以英文字母組成的計算公式的緣故吧！不過，其實只有使用 h、w 和 bmi 等三個而已。也就是說，只有三種不同的箱子。

全是符號，看得我眼睛都花了。

69

資料的類型

可放入變數中的資料包含「數值」、「文字」等各式各樣的類型，這就是所謂的「資料型別」。

資料型別可分為處理整數的「整數型別」、處理小數點的「浮點數型別」、處理文字的「字串型別」以及判斷真假的「布林型別」。

主要的資料型別

> 用途都不一樣

分類	資料型別	說明
數值（整數型別）	int	用於表示個數和順序上
數值（浮點數型別）	float	用於一般的計算上
字串型別	str	處理文字時使用
布林型別	bool	分為 True 和 False 兩種值，用於條件判斷

大多數的程式語言需要在執行前宣告變數的資料型別。而 Python 不需要事先宣告變數的資料型別，也可在執行中變更變數的資料型別。

不論是哪一種資料型別，都是以「變數名稱 = 值」來宣告。

我們來宣告變數的各種資料型別吧！

var3.py

```
i = 100 ·················整數型別
f = 12.3 ················浮點數型別
w = "hello" ·············字串型別
b = True ················布林型別
print(i, f, w, b)
```

 輸出結果

```
100 12.3 hello True
```

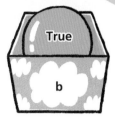

LESSON
08

變數裡面放入了
各種類型的資料

我們至少要認識放入
了什麼資料唷！

有好多的資料類型唷！不過，不去認識、了解它們也沒關係
吧？

我們得記住「有不同類型的資料」。因為不同類型的資料不
能以相同的方式處理。

啊！但是很麻煩耶！不能隨便用嗎？

那這樣說吧，小芙妳在喝熱茶的時候，會想要隨便拿果汁
汽水加進去添滿嗎？茶不夠就加茶，果汁不夠就加果汁，
相同類型的加在一起不是比較好嗎？

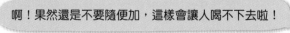
啊！果然還是不要隨便加，這樣會讓人喝不下去啦！

LESSON
09

學習字串的操作

字串的特點是它們的處理方法。我們來了解如何操作？

還記得字串是什麼嗎？

我記得。它是使用 "" 框起來。

在形形色色的資料中，字串對於人們而言，是最重要的資料。

原來是這樣啊，因為字串是給人們閱讀的內容。

所以，可以用字串做各種操作。

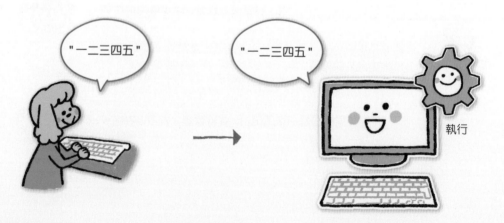

"一二三四五"

"一二三四五"

執行

串接字串

使用「+」運算子，就可以把字串和字串連接起來了。我們來把「你們大家好。」和「我是 python。」這兩個字串接在一起吧！

var4.py

```
w = "你們大家好。" + "我是Python。"
print(w)
```

輸出結果

```
你們大家好。我是Python。
```

LESSON
09

 ## 計算字串長度

當想要計算字串的字元數時，就使用「len()」。

語法：計算字串長度

```
len(字串)
```

我們來計算先前字串的字元數吧！可以知道裡面有 15 個字元數。

var5.py

```
w = "你們大家好。" + "我是Python。"
print(len(w))
```

輸出結果

```
15
```

嘿！這樣就可以知道文字的字元數了

計算字串長度後，有什麼用處嗎？

有很多用途哦！例如：想在字元數過多時，顯示「字元數超過了」的訊息。

的確會不經意寫太多，而超過字元數了。

len 是表示長度的 length 的縮寫。使用 len()，不僅可計算字串長度，連後面會提到的串列長度也可計算哦！

總之，要計算字串長度時，就使用 len()。

擷取部分的字串

想要從字串中取出一部分的字串時，就要使用 []（中括號）。

[位置 A] 可取出字串中的單一字元，而 [位置 A: 位置 B] 則可取出指定範圍內的字串。

語法：取出部分字串

字串[位置A] ……………………………	位置A的單一字元
字串[位置A:位置B] …………………	從位置A到位置B的前一個為止的範圍
字串[:位置B] ……………………………	從起始到位置B的前一個為止的範圍
字串[位置A:] ……………………………	從位置A到結尾為止的範圍

這樣就可以取出字串了！

想要取出字串的時候，則是以「從 0 開始計算的索引值」來指定位置。位置從「0」、「1」、「2」…來依序向右遞增。例如：「你們大家好。我是 python。」這個字串的長度是 15 個字元，而以索引值來看，則是要指定「0～14」。

而 Python 有一個特殊功能，可使用負數索引值來指定「從結尾倒取字串的位置」。例如：指定「-3」，就是從結尾開始的第三個字元。

注意，索引是從 0 開始唷！第一個字元的索引值是 0

現在來試試看吧！把起始的「你」、中間的「我是 pyth」、結尾的「on。」取出來並顯示。

由於「你」是索引值為 0 的第一個字元，因此是指定「w[0]」；而「我是 pyth」則是從索引值 6 到 12 的前一個為止的範圍，因此是指定「w[6:12]」；最後「on。」是從結尾倒取第三個字元到最後的範圍，因此是指定「w[-3:]」。

var6.py

```python
w = "你們大家好。" + "我是python。"
print(w[0])
print(w[6:12])
print(w[-3:])
```

輸出結果

```
你
我是pyth
on。
```

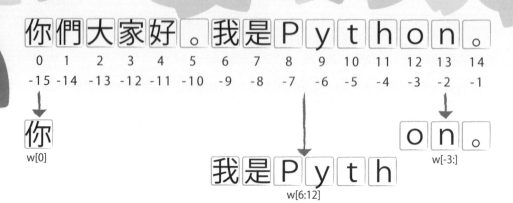

想在字串中間換行要如何做？

想要換行的時候，就要使用換行符號。換行符號是用「\」（反斜線）再加上「n」，寫為「\n」來表示。

在「你們大家好。」和「我是 python。」之間，加入「\n」（換行符號）來試試看吧！

var7.py

```
w = "你們大家好。" + "\n" + "我是python。"
print(w)
```

使用\n的地方會換行！

輸出結果

```
你們大家好。
我是python。
```

為什麼還要特地在字串中間加上換行呢？多使用幾次 print()
不也是可以嗎？

可是，如果每次換行時都要使用 print() 的話，就必須把字串放
入很多個變數之中。而使用換行符號的話，就可以在一個變數
裡放入「含有換行符號的多行字串」，而且使用一次 print() 就可
以顯示出來。

就算是很長的文章，也可以放在一個變數中。

LESSON
09

LESSON 10

轉換資料型別

基本上，資料必須是「相同類型」，才能進行處理。但是，只要將不同類型的資料轉換為相同類型資料的話，就可以處理它們了。

如果把 " 你們大家好 " 這個字串和 100 這個數值加起來的話，妳覺得會變成什麼呢？

把字串和數值加起來？這種事情不可能吧！

沒錯！字串和數值不能相加起來。那麼，如果有人輸入了 "100" 的字串，然後想要和 23 相加的話，這時要怎麼辦呢？

這個嘛，把 "100" 加上 23 就會是…。啊！字串和數值是不能相加的。

但是，有時候會遇到想把「人們輸入的字串」或是「從網路下載的字串資料」作為數值來計算的情形。

嗯！那就傷腦筋了。

遇到這種時候，就要使用「轉換資料型別」的命令。把「字串的 "100"」轉換成「數值的 100」。這樣的話，就可以進行加法運算了。

嘿！有這麼方便的指令啊！

轉換資料型別

Python 的變數可以在不定義資料型別的情況下直接使用。

但是，「想要以使用者輸入的字串來進行計算」或是「想要使用從網路下載的字串來進行計算」的話，就需要了解資料型別。因為不同的資料型別將無法進行計算。在這種情況下，我們可使用「轉換資料型別」的命令，來將資料轉換為相同的資料型別並計算。

LESSON
10

語法：轉換資料型別的命令

不同的型別得使用不同的命令

指令	功能
int(字串)	將字串型別轉換為整數型別
float(字串)	將字串型別轉換為浮點數型別
str(數值)	將數值型別和浮點數型別轉換為字串型別

我們來做下面的試驗。如果直接執行「字串的 "100" 和整數的 23 相加起來」的話，將會顯示錯誤，這是因為字串無法和數值進行計算。

var8error.py

```
a = "100"
print(a+23)
```

輸出結果

出現錯誤啦！

```
Traceback (most recent call last):
  File "/Users/ymori/Desktop/var8error.py", line 2, in <module>
    print(a+23)
TypeError: must be str, not int
```

這裡是依據所使用的環境來變更

所以，我們要使用 int() 來將字串轉換為整數並計算。如此一來，就可以進行加法運算，並顯示出「123」。這就是轉換資料型別的基本運用方式。

var8.py

```
a = "100"
print(int(a)+23)
```

輸出結果

```
123
```

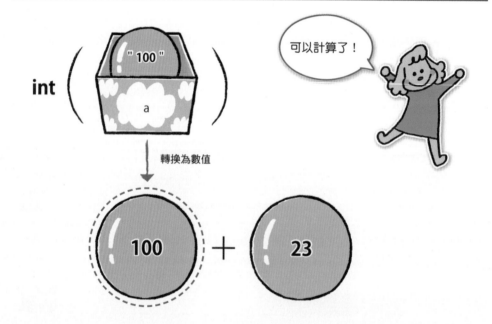

int ("100" a)

轉換為數值

100 + 23

可以計算了！

但是，「轉換為不同的資料型別」這件事也有必須要注意的地方。例如：若是把「你們大家好」的字串轉換為數字的話，就會發生錯誤。我們要確實負起責任、好好處理才行。

嗯！所有的自由是伴隨著責任而來的。

無法轉換時就會發生錯誤

轉換為數值的時候，如果是使用不可轉換的字串，就會發生錯誤。我們故意試著把「" 你們大家好 " 和整數進行加法運算」，就會看到錯誤發生了。

test.py

```
b = "你們大家好"
print(int(b)+23)
```

輸出結果

```
Traceback (most recent call last):
  File "/Users/ymori/Desktop/test.py", line 2, in <module>
    print(int(b)+23)
ValueError: invalid literal for int() with base 10: '你們大家好'
```

這裡是依據所使用的環境來變更

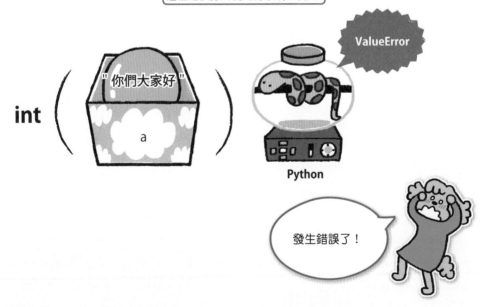

當發生這類錯誤的時候，就要「預先檢查」，以防止問題發生。使用 isdigit() 命令的話，可以檢查「這個變數是否可以正確地轉換為數值」。當可以轉換的時候，會回傳 True，而不能轉換的時候，則會回傳 False。只要檢查後回傳 True 再進行轉換的話，就不會發生錯誤了。

語法：isdigit()

想要檢查的變數.isdigit()

我們來試著檢查 a 和 b 這兩個變數，哪一個可以正確地轉換為數值。

test2.py

```
a = "100"
b = "你們大家好"
print(a.isdigit())
print(b.isdigit())
```

輸出結果

```
True
False
```

"100" 可以轉換為整數，因此回傳 True，而 " 你們大家好 " 不可以轉換為整數，因此回傳 False。

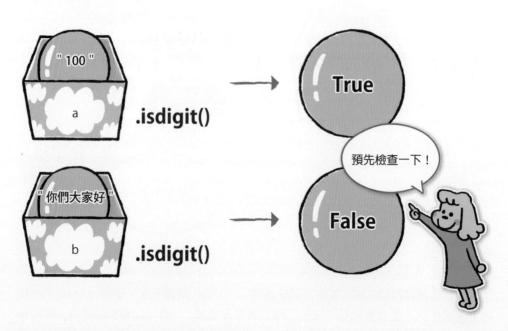

　　利用這個方式來重新執行一次「"你們大家好"和整數23進行加法運算」的程式吧！此外，當無法轉換為數值的時候，顯示「這不是數字喔」。如此執行的話，就會顯示出「這不是數字喔」，而不會發生錯誤了。

　　像這樣，使程式不因發生錯誤而結束的工夫，也是很重要的。

var9.py

```
b = "你們大家好"
if b.isdigit():
    print(int(b)+23)
else:
    print("這不是數字喔")
```

第3行和第5行
要縮排喔！

縮排

LESSON
10

輸出結果

```
這不是數字喔
```

if 和 else 是什麼呢？

if 敘述是依據條件來執行不同處理的命令。稍後會再詳細說明。現在先依照上面輸入命令，也要注意縮排的地方喔！

啊！又是縮排呀。這個空白字元也很重要呢。

LESSON
11

以串列來儲存大量資料

當處理大量資料時，可建立串列來儲存資料。當指定串列的索引值時，就可存取串列元素了。

由於變數只能放入一個資料，因此當有很多資料要處理時，使用變數來處理會很麻煩。例如：有100個資料時，就需要使用到100個變數，而這樣也需要有100個變數名稱。

100個變數太多了。或許像「某某1」、「某某2」這樣，將變數名稱加上編號。

這是一個好主意。事實上，當有大量資料時，就是使用這種思維。把資料放入被稱為「串列」的「大量資料儲存容器」之中，再以「編號」來存取資料。

我猜對了。

像「0~99號都做一次」這種一句話就可以指定的命令，是最適合電腦的機制。

0~99號
都做一次唷♪

好的～

執行

串列的寫法

處理大量資料時，請使用「串列」，而不是使用「變數」。

所謂的「串列」，就像是「有編號的架子」一樣，以編號來指定「第幾個之中的值」後，存取串列裡面的值。由於是使用「編號」來指定，而不是使用「名稱」來指定，因此可以輕鬆處理大量資料。

在串列中的每個值稱為「元素」，指定元素位置的編號則稱為「索引值」。

索引值是從 0 開始計算，然後依序是「1」、「2」…，以此類推。

語法：串列的使用方法

```
串列名稱 = [ 元素1, 元素2, 元素3, ... ]  …… 建立串列
print(串列名稱[索引值]) ………………………………… 顯示串列的元素
```

建立「午餐菜單的串列」，然後顯示第三個元素的內容。

list.py

```
lunch = ["飯糰", "義大利麵", "漢堡", "咖哩飯", "簡餐"]
print(lunch[2])
```

輸出結果

```
漢堡
```

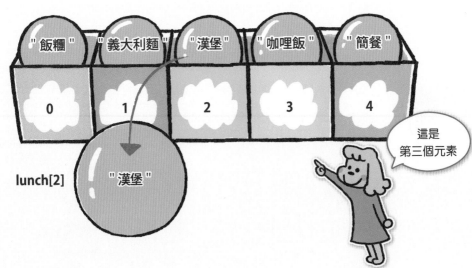

在求籤程式中使用的串列

事實上，這個「串列」已經在之前的程式中使用過了，例如：「求籤程式」以及「龜圖模組」。讓我們重新再複習一次這些程式吧！

omikuji.py（第 2 章的範例）

```
import random
kuji = ["大吉", "中吉", "小吉", "凶"]
print(random.choice(kuji))
```

輸出結果

| 小吉 ——————————— | 第一次 |

| 大吉 ——————————— | 第二次 |

| 凶 ——————————— | 第三次 |

第二行的["大吉", "中吉", "小吉", "凶"]就是串列了。我們放入了四個字串資料來作為求籤的結果。

我就在想這些並列的東西是什麼，原來是串列。

由於有四個資料，因此可用 0~3 的索引值來存取串列元素。

若是在這個串列中再加寫 "半吉"、"末吉"、"大凶" 等，就能增加更多的求籤結果嗎？對了，還有 "大大吉" 也要加進去喔！

沒錯！在串列中很容易增減資料，我們可以像下面這樣做。

我想再增加求籤結果的內容

| ● | ● | ● | ● | ● | ● |
| 大大吉 | 大吉 | 中吉 | 小吉 | 末吉 | 大凶 |

omikujiB.py

```python
import random
kuji = ["大吉", "中吉", "小吉", "凶", "半吉", "末吉", "大凶", "大大吉"]
print(random.choice(kuji))
```

輸出結果

| 末吉 ——————————— | 第一次 |

| 半吉 ——————————— | 第二次 |

| 大大吉——————————— | 第三次 |

求籤時，哪一個會出現呢？

LESSON
11

裡面也有大大吉喔。

要是能抽中大大吉就好了。

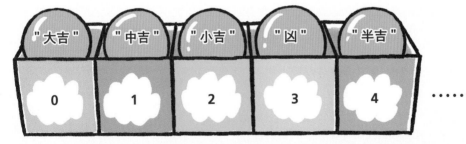

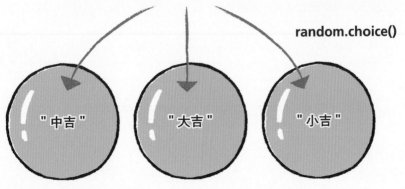

random.choice()

在烏龜繪圖程式中使用的串列

在烏龜繪圖程式的範例中,把顏色名稱放入串列裡來使用。

turtle3.py(第 2 章的範例)

```
from turtle import *
shape("turtle")
col = ["orange","limegreen","gold","plum","tomato"]  ……準備5個顏色名稱
for i in range(5):
    color(col[i])
    forward(200)
    left(144)
done()
```

輸出結果

第三行的 ["orange", "limegreen", "gold", "plum", "tomato"] 就是串列。串列裡面放入了顏色名稱的資料。

原來這些是顏色名稱啊。由於名稱看起來很美味,讓我沒發現到。

只要改寫串列的內容,即可更改為一般的顏色名稱。

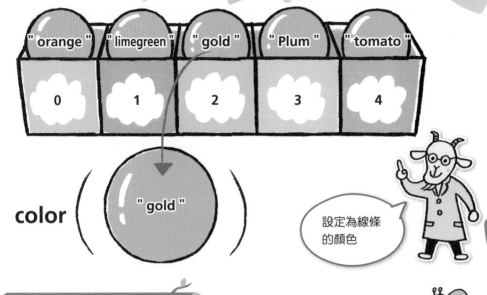

color ("gold")

設定為線條的顏色

turtle3B.py

```python
from turtle import *
shape("turtle")
col = ["red","blue","green","brown","black"]   ……準備5個顏色名稱
for i in range(5):
    color(col[i])
    forward(200)
    left(144)
done()
```

輸出結果

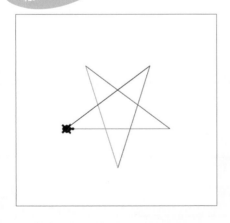

成功了！
顏色改變了！

LESSON

12

程式設計的
三種基本結構

到目前為止，我們已經學習過資料的處理方式、基本的命令了。
接下來，我們將思考如何運用三種結構來撰寫程式。

妳認為程式是怎麼設計出來的呢？

嗯！要怎麼設計呢？請比我聰明的人來幫忙設計好了。

其實「程式的基本結構」只有三種而已。

只有三種？

看起來很複雜的程式，其實也是由「循序」、「分歧」、「重複」等三種結構組合而成。程式設計時，思考如何組合運用三種結構是很重要的。

如果只有三種的話，我應該可以學會。

循序　　分歧　　重複

❶循序結構：由上而下來依序執行

程式是由上而下、依序執行的，即所謂的「循序」結構。

這是一個很容易理解的規則。雖然會覺得這是理所當然的事情，但是在撰寫設計時，要思考到這個規則，來了解「處理的順序」。

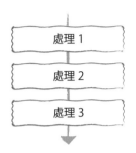

❷分歧（選擇）結構：當條件成立時就執行

「當條件成立時就執行」的情況，是使用「分歧」結構。依據條件來判斷「是否進行處理」或是「進行不同的處理」。

在 Python 中是使用「if 敘述」。

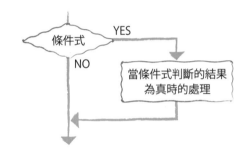

❸重複（迴圈）結構：重複執行相同的處理

重複執行相同的處理時，是使用「重複」結構。

在 Python 中是使用「for 敘述」。它可以「重複執行指定的次數」以及「把串列中的所有元素逐一執行」。

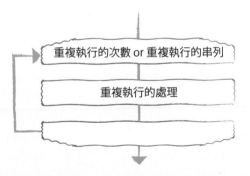

我們可以很快理解「❶循序結構：由上而下來依序執行」，而關於「❷分歧結構：當條件成立時就執行」以及「❸重複結構：重複執行相同的處理」這兩種，後面會有更詳細的說明。

LESSON

13

分歧結構：當條件成立時就執行

「當條件成立時就執行」的語法，是使用 if 敘述。依據條件來判斷是否進行處理。

 電腦擁有許多的強項，其中之一就是「判斷」。

確實如此！電腦的確讓人覺得會明確判斷。

 事實上，這個「判斷」是有根據的，也就是「當條件△△成立時，就執行○○」。

嗯！這是什麼意思？

當電腦在判斷某事時，會使用「條件式」的「公式」來決定。

嗯嗯。

這是以條件式判斷的結果為「真或假之二者擇一」，來判斷條件是否成立。

原來是以條件式判斷的結果為「真或假」來判斷啊！

所以，當條件式的結果為真時，會「執行○○」；當條件式的結果為假時，則不執行。除了二擇一之外，沒有其他的情況。

哈哈！原來電腦的判斷是這樣子的。

執行這個的命令是 if 敘述。下面來詳細說明。

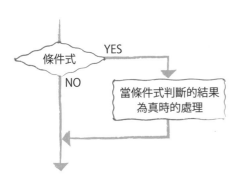

if 敘述的寫法

if 敘述可分成「當條件△△成立時」部分以及「就執行○○」部分來撰寫。

語法：if 敘述

if 條件式 ： —————————— 當條件△△成立時
　　當條件式判斷的結果為真時的處理

「當條件△△成立時」部分是用「條件式」來判斷。例如：比較兩個值來查看是否相同。

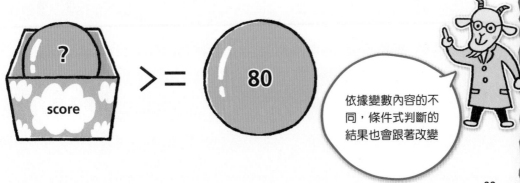

? score >= 80

依據變數內容的不同，條件式判斷的結果也會跟著改變

此時，用來「比較兩個值」的符號稱為「比較運算子」。比較運算子有各種類型，例如：「等於」、「不等於」、「大於」、「小於」等。

語法：比較運算子

符號	功能
==	左右兩邊相等
!=	左右兩邊不相等
<	左邊比右邊小
<=	左邊小於或等於右邊
>	左邊比右邊大
>=	左邊大於或等於右邊

可以比大小

「就執行○○」部分是以程式碼「縮排」來表示。若是「就執行○○」部分只有一行時，就只縮排一行，而若是有多行時，就要全部都縮排。在 Python 中，「縮排的部分」被視為「同一程式碼塊」。

這個「縮排的同一程式碼塊」稱為「區塊」。

「有相同空格數的縮排」的程式碼即表示屬於「同一程式碼區塊」。

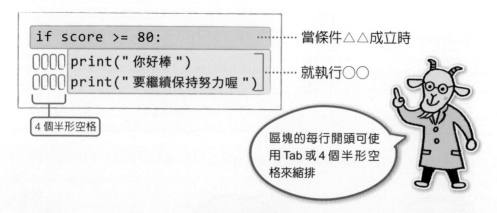

```
if score >= 80:
    print(" 你好棒 ")
    print(" 要繼續保持努力喔 ")
```

········· 當條件△△成立時

········· 就執行○○

4 個半形空格

區塊的每行開頭可使用 Tab 或 4 個半形空格來縮排

區塊的每行開頭可使用 Tab 或 4 個半形空格來縮排。但是，在 IDLE 中輸入程式碼時，會自動輸入 Tab 來縮排。當區塊結束時，則必須刪除 Tab 來取消縮排。

試著使用 if 敘述

我們來撰寫「當 score 有 80 分以上的時候，就顯示『你好棒！要繼續保持努力喔』」的程式吧！

當 score 有 80 分以上的時候，就顯示「你好棒！要繼續保持努力喔」，而當 score 比 80 分小的時候，則什麼都不顯示。

if1.py

```python
score = 90
if score >= 80:
    print("你好棒！")
    print("要繼續保持努力喔")
```

輸出結果

```
你好棒！
要繼續保持努力喔
```

如果剛好是 80 分的話，會怎樣呢？

「score >= 80」的條件中，已經包含剛好 80 分的情況了，所以剛好 80 分的時候也會顯示。

剛好…安全過關！

但是，條件式若改成「score > 80」的話，由於不包含 80 分，因此得到 80 分時，就會不顯示。我們在決定條件的時候，須考慮到「剛好的時候要怎麼做」，也是很重要的事情。

剛好…卻出局！

撰寫「當條件不成立時」的處理

在 if 敘述中，還可以加上「當條件不成立時，就執行□□」的處理。這是使用「if else 敘述」。

就像我是否拿到蛋糕時的態度也是不同的！

語法：if-else 敘述

```
if 條件式 :
    當條件式判斷的結果為真時的處理
else :
    當條件式判斷的結果為假時的處理
```

我們來撰寫「當 score 有 80 分以上的時候，就顯示『你好棒！要繼續保持努力喔』，不然就顯示『好可惜，再加油』」的程式吧（和 if1.py 不同的部分，會加上標記）。

當 score 有 80 分以上的時候，就顯示「你好棒！要繼續保持努力喔」，而當 score 比 80 分小的時候，則顯示「好可惜，再加油」。

if2.py

```
score = 60
if score >= 80:
    print("你好棒！")
    print("要繼續保持努力喔")
else:
    print("好可惜，再加油")
```

輸出結果

```
好可惜，再加油
```

MEMO 「當條件不成立時」的多個條件判斷

在 if else 敘述中，可以依據一個條件來切換二種處理方式。例如：當「條件A」成立時，執行「處理1」；當條件不成立時，就執行「處理2」。

在 if 敘述中，還可以加入條件，依據二個條件來切換三種處理方式。例如：當「條件A」成立時，執行「處理1」；當條件不成立時，若符合「條件B」，就執行「處理2」；而當任一個條件式皆不成立時，則執行「處理3」。

語法：if 敘述

```
if  條件式A ：
        當條件式A判斷的結果為真時執行「處理1」
elif  條件式B ：
        當條件式B判斷的結果為真時執行「處理2」
else ：
        任一個條件式判斷的結果為假時執行「處理3」
```

LESSON
13

像這樣，我們可以使用 elif 來加入條件。

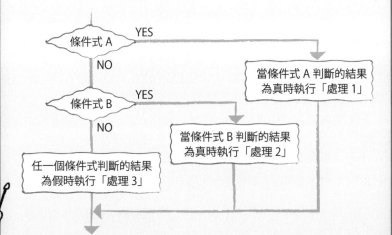

97

LESSON
14

重複結構：重複執行相同的處理

當「重複執行相同的處理」時，是使用 for 敘述。可以重複執行指定的次數，也可以重複執行指定的串列。

電腦的另一個強項為「重複」。電腦可以做相同的事情成千上萬次，也不會感到厭煩、無聊或犯錯。很厲害唷！

這我可就辦不到了。

正因為人們會覺得「不斷地重複，太麻煩了」，所以讓電腦來完成。

那就拜託了。

在這當中，還是有需要人們做的事情。那就是決定「重複什麼」以及「如何重複」。

要教導它做什麼樣的重複。

執行這個的命令是 for 敘述。下面來詳細說明。

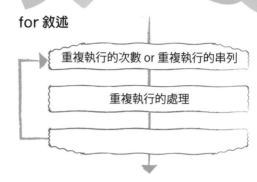

for 敘述

| 重複執行的次數 or 重複執行的串列 |
| 重複執行的處理 |

又回到箭頭所指的步驟了！

 指定重複執行次數的 for 敘述

Python 的 for 敘述可分為「指定重複執行次數的 for 敘述」以及「把串列中的元素逐一執行的 for 敘述」等兩種。

所謂「指定重複執行次數的 for 敘述」是決定「重複執行的處理」的「次數」，這時為了計算次數，也要指定「索引變數」。

語法：for 敘述（指定次數）

```
for 索引變數 in range(次數):
    重複執行的處理
```

指定次數的部分，是使用「for 索引變數 in range(次數)」。而「重複執行的處理」是在縮排一級的「區塊」中指示將進行的處理。

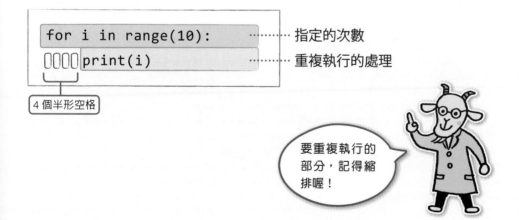

```
for i in range(10):        ········· 指定的次數
□□□□print(i)             ········· 重複執行的處理
```

4 個半形空格

要重複執行的部分，記得縮排喔！

99

例如：撰寫「5×0 ～ 5×9 的 10 個乘法式子」的程式。「重複執行的次數」是 0 ～ 9 共 10 次，而「重複執行的處理」是「5×索引值＝顯示計算結果」。我們來試著寫出程式，顯示出 10 行的乘法式子。

for1.py

```python
for i in range(10):
    print(5,"x",i,"=",5*i)
```

輸出結果

```
5 x 0 = 0
5 x 1 = 5
5 x 2 = 10
5 x 3 = 15
5 x 4 = 20
5 x 5 = 25
5 x 6 = 30
5 x 7 = 35
5 x 8 = 40
5 x 9 = 45
```

10 個乘法式子

range(10) 是出現從 0 到 9 依序遞增的整數

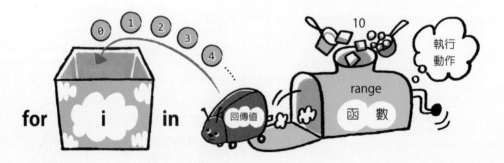

把串列中的所有元素逐一執行的 for 敘述

「把串列中的所有元素逐一執行的 for 敘述」是對「串列」和「重複執行的處理」下指示。此時，也要指定用來暫時放入從串列中取出的元素的「放入元素的變數」。

語法：for 敘述（指定串列）

```
for 放入元素的變數 in 串列：
    重複執行的處理
```

指定串列的部分，是指定「for 放入元素的變數 in 串列」。

而「重複執行的處理」是在縮排一級的「區塊」中指示將進行的處理。

嗯，我了解「重複執行的次數」，不過「指定串列」是什麼意思？

串列中放入了很多的資料，要將資料逐一取出來處理。它將串列中的所有元素逐一執行。

逐一執行？所有元素？

那麼，我們來實際試著撰寫「顯示串列內容」的程式吧！將 scorelist 的內容依序顯示出來。

for2.py

```
scorelist = [64, 100, 78, 80, 72]
for i in scorelist:
    print(i)
```

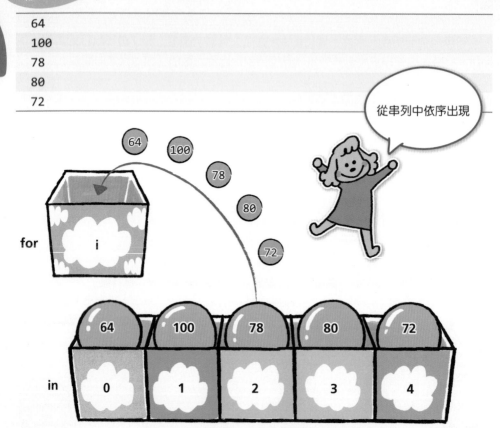

 ## 把串列中的分數相加起來的 for 敘述

接下來，我們來撰寫「把串列中的分數相加起來」的程式。

這裡所使用的「串列」是放入了分數的 scorelist。從串列中依序取出值並相加，以算出總和。

由於我們要計算總和，因此準備了總和變數，並初始化總和變數為 0。而「重複執行的處理」是「從串列中取出值來加總，並指定給總和變數」。當迴圈結束時，顯示總和變數中的加總結果。由於這裡只需在迴圈結束後執行一次即可，因此放在縮排之後來進行。

下面來看程式內容（和 for2.py 不同的部分，會加上標記）。

for3.py

```python
scorelist = [64, 100, 78, 80, 72]
total = 0
for i in scorelist:
    total = total + i
print(total)
```

逐一加總了！

LESSON
14

輸出結果

```
394
```

巢狀 for 敘述

在 for 敘述的「重複執行的處理」部分，裡面可以再包含 for 敘述。在迴圈中還有迴圈，即「雙重迴圈」，這稱為「巢狀 for 敘述」。

語法：for 敘述（巢狀）

```
for 索引變數1 in range(次數):
    for 索引變數2 in range(次數):
        重複執行的處理
```

在巢狀 for 敘述中，外層的 for 敘述每作用一次，內層的 for 敘述就得全部執行完畢。

例如：我們來撰寫「0～9 的整數乘以 0～9 的整數」的程式。

先前，我們只用了 5 來執行，這次則要用 0～9 來重複執行。

由於「迴圈之中還有迴圈」，內側迴圈的 for 敘述的「重複執行的處理」要縮排二級。

執行程式後，會顯示全部的乘法式子。

for4.py

```
for i in range(10):
    for j in range(10):
        print(j,"×",i,"=",j*i)
```

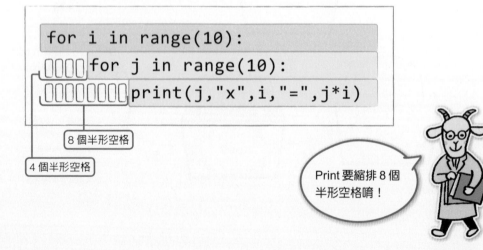

輸出結果

```
0 x 0 = 0
1 x 0 = 0
2 x 0 = 0
3 x 0 = 0
4 x 0 = 0
（略）
6 x 9 = 54
7 x 9 = 63
8 x 9 = 72
9 x 9 = 81
```

哇！出現很多乘法
式子了！

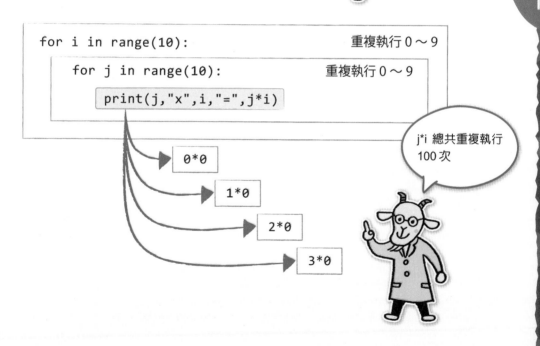

```
for i in range(10):            重複執行 0～9
    for j in range(10):        重複執行 0～9
        print(j,"x",i,"=",j*i)
```

0*0

1*0

2*0

3*0

j*i 總共重複執行
100 次

　而且，迴圈之中可包含迴圈，然後再包含迴圈。「巢狀 for 敘述」可有雙重、三重、四重…等多重迴圈。注意，迴圈的數量越多，處理越費時。

LESSON

15

定義函數：用於執行單一動作的區塊

所謂的「函數」是定義單一或相關動作的程式碼區塊。程式碼區塊很容易使用，並使得程式容易閱讀。

 到現在為止，我們撰寫的都是簡單又簡短的程式，但是在實際的工作現場所使用的是又長又複雜的程式。

複雜的程式看起來很困難。

 所以，有個簡化複雜的程式的方法，那就是「函數」。

函數？

 無論多麼複雜的工作，只要加以思考整理，便可以切分成小單位的工作。就像是我們所知的「一些動作的組合」或是「只需重複相同的動作」部分，可以把程式切分成易懂的小區塊。

嗯，又長又複雜的程式看起來很困難，但是切分成小區塊後就容易理解了。

使用函數組織命令

函數是定義單一或相關動作的程式碼區塊。到目前為止，我們使用了 print()、int() 等 Python 內建函數。接下來將說明自訂函數的方法。

可自訂各式各樣的函數喔

定義函數時，先決定好「函數名稱」，再使用「def 函數名稱 ():」來指定，然後指示「在函數中要進行的處理」。「函數名稱」最好是容易理解「這個函數在做什麼」的名字。

「在函數中要進行的處理」是將函數內容寫在縮排的程式碼區塊內，也就是縮排一級的內容。

語法：定義函數

```
def 函數名稱() :
    在函數中要進行的處理
```

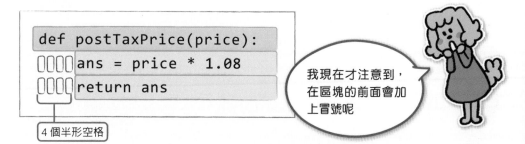

```
def postTaxPrice(price):
    ans = price * 1.08
    return ans
```

4 個半形空格

我現在才注意到，在區塊的前面會加上冒號呢

使用函數

使用函數時，是以「函數名稱()」來呼叫並執行。當以函數名稱呼叫，就會執行「在函數中要進行的處理」。

那麼，我們來定義會顯示「你們大家好」的函數，並且呼叫三次。

def1.py

```
def sayhello():
    print("你們大家好")


sayhello()
sayhello()
sayhello()
```

輸出結果

```
你們大家好
你們大家好
你們大家好
```

每次呼叫時，就會執行函數中的命令

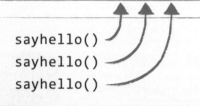

定義函數

呼叫函數

使用參數來傳入資料給函數

顯示「你們大家好」的函數，是一個「當呼叫函數名稱時，就會顯示出『你們大家好』」的「固定動作」的函數。不過，有各式各樣的動作，例如：傳入資料來調整處理、回傳計算結果等動作。

「參數」是用來傳入資料給函數。而「回傳值」則是以值的方式回傳函數的執行結果。

語法：定義函數（有參數與回傳值時）

```
def 函數名稱(參數1, 參數2, ...):
    在函數中要進行的處理
    return 回傳值
```

函數有「①沒有參數也沒有回傳值的函數」、「②只有參數的函數」、「③只有回傳值的函數」、「④有參數也有回傳值的函數」等類型。

LESSON
15

①沒有參數也沒有回傳值的函數

當想執行固定動作時

②只有參數的函數

當想要傳入不同的資料來調整處理時

③只有回傳值的函數

想要知道結果的變化時

④有參數也有回傳值的函數

將資料傳入並計算，並想知道執行結果

109

撰寫可計算消費稅（8%）的程式

接下來，我們來定義「傳入商品的本體價格後，計算消費稅，然後回傳包含消費稅的價格」的函數。這裡是使用「④有參數也有回傳值的函數」。

這個函數會以參數傳入商品價格，然後在函數中進行 8% 消費稅的計算。最後將包含消費稅的價格作為回傳值來回傳。

定義函數時，是使用「def 函數名稱 (參數):」來指定。函數名稱是 postTaxPrice 的話，就寫為「def postTaxPrice(price):」。然後在程式中利用函數名稱與參數來呼叫函數，即以「postTaxPrice(price)」來呼叫並執行定義好的函數。

def2.py

```
def postTaxPrice(price):
    ans = price * 1.08
    return ans


print(postTaxPrice(100),"元")
print(postTaxPrice(128),"元")
print(postTaxPrice(980),"元")
```

計算很麻煩！

輸出結果

```
108.0 元
138.24 元
1058.4 元
```

 這裡是定義「傳入本體價格，回傳包含消費稅的價格」的函數。

雖然為了計算消費稅，而要定義函數，覺得很麻煩，但是只要傳入本體價格就可計算好，真輕鬆！

 把動作寫入函數，就可以不斷呼叫並利用此函數做相同的動作。「使程式更容易理解」很重要。當程式容易理解時，就能減少 Bug（程式錯誤）。

只有參數或回傳值的函數用法

那麼，「②只有參數的函數」與「③只有回傳值的函數」要如何使用呢？

「②只有參數的函數」是在「想要傳入值來調整處理」的時候來使用。例如：只顯示「你好」的話，就執行「①沒有參數也沒有回傳值的函數」，而想要在「你好」再加上使用者名字的時候，就使用「②只有參數的函數」。

def3.py

```python
def sayhello2(name):
    print("你好，"+ name + "小姐。")
sayhello2("小芙")
```

輸出結果

```
你好，小芙小姐。
```

LESSON
15

「③只有回傳值的函數」是在「想要知道執行結果的變化」的時候來使用。例如：「求籤」程式就是執行後才能知道執行結果的例子。

def4.py

```python
import random
def omikuji():
    kuji = ['大吉', '中吉', '小吉', '凶']
    return random.choice(kuji)
kekka = omikuji()
print("結果是",kekka,"籤")
```

輸出結果

```
結果是 大吉 籤
```

LESSON

16

利用別人製作好的程式

當想要匯入別人製作好的程式時，就要使用 import 命令。

還有一個簡化複雜程式的技巧，那就是「import」命令。

import？

「函數」是將某動作獨立出來的命令。而當使用到別的檔案中的某動作命令時，便要使用「import」命令來匯入。

這是什麼意思？

實際使用函數時，只需知道「函數名稱」，而不用知道函數中的詳細內容，因此把它分成另一個檔案並隱藏，如此就可專注於所想要製作的程式上。

原來如此。若是看到的內容太多，很容易分心。

此外，把程式分開製作，還有讓人欣喜的功效。包含了函數的程式不必由自己來製作。如果某人製作好程式，便可使用「函數名稱」來呼叫並利用。

可以借用別人的程式就簡單多了。通通借我用吧！

 使用 import 命令來匯入

使用「import」命令後，就可以匯入並利用別的檔案底下的函數等程式。匯入的程式檔案，稱為「模組」（module）。

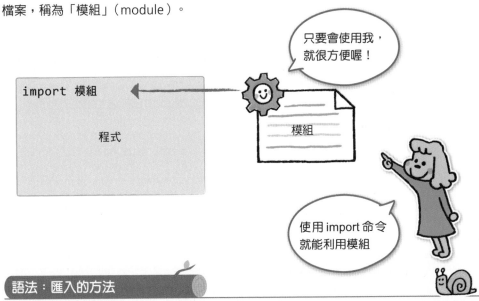

只要會使用我，就很方便喔！

```
import 模組


         程式
```

模組

使用 import 命令
就能利用模組

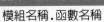 **語法：匯入的方法**

import 模組名稱

匯入模組後，在函數名稱前面加上模組名稱，使用「模組名稱.函數名稱」來執行模組內的函數。

語法：匯入模組後執行函數的方法

模組名稱.函數名稱

建立模組

在 LESSON 15 的「撰寫可計算消費稅（8%）的程式」中，製作了計算含稅金額的程式，而我們將會分成二個檔案。

第一個檔案是建立「模組」，第二個檔案則是製作「匯入模組並執行的程式」。

① 建立模組

首先，選擇 [File] 選單→ [New File]，來製作第一個檔案。這個檔案中只需寫入函數的部分，並製作成「模組」。我們使用 tax.py 作為檔案名稱來儲存。

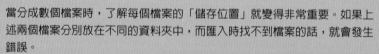

tax.py

```
def postTaxPrice(price):
    ans = price * 1.08
    return ans
```

CAUTION 模組的儲存位置

當分成數個檔案時，了解每個檔案的「儲存位置」就變得非常重要。如果上述兩個檔案分別放在不同的資料夾中，而匯入時找不到檔案的話，就會發生錯誤。

如果是像這次一樣的簡單程式，兩個檔案一起放在同一個資料夾中，會較易懂。

而當程式的規模越來越大的時候，就需要分別放入不同的資料夾中來進行管理。此時，使用 import 命令來匯入或者呼叫函數的時候，必須要加上資料夾名稱才行。

② 製作匯入模組並執行的程式

再次選擇 [File] 選單→ [New File]，來製作第二個檔案。

在第二個檔案中，以 import 命令匯入時，要使用模組名稱（檔案名稱中 .py 之前的部分）。而呼叫函數時，則是使用「模組名稱 . 函數名稱」來執行匯入模組的函數。例如：呼叫 tax 模組的 postTaxPrice 函數時，就使用「tax.postTaxPrice」。

import1.py

```
import tax
```

在步驟①建立的模組

```
print(tax.postTaxPrice(100),"元")
print(tax.postTaxPrice(128),"元")
print(tax.postTaxPrice(980),"元")
```

LESSON
16

輸出結果

```
108.0 元
138.24 元
1058.4 元
```

即使分成兩個檔案，程式還是可以執行！

因為使用 import 命令來匯入模組，所以仍然可以執行程式。

雖然函數名稱稍微有些長，但是不會在不必要的地方分散注意力，覺得簡潔多了。

這也是模組化的好處呢。

匯入內建模組

Python 提供了許多的「標準模組」。

例如：用來計算數值的「math」、「random」；用來處理日期或時間的「datetime」、「time」、「calendar」；用來處理資料檔案的「csv」或「json」；製作使用者操作介面的「tkinter」等各式各樣的模組。

由於 Python 環境中已提供這些模組了，因此只需使用 import 命令來匯入，便可使用。

第 2 章的「求籤程式」中也有使用過標準模組，即「每次都會出現不同數字」的「random」（隨機數、亂數）模組。在求籤程式中，我們是使用「random」模組的「random.choice」函數，這是從串列中隨機選出一個的命令。

omikuji.py（第 2 章的範例）

```
import random
kuji = ["大吉", "中吉", "小吉", "凶"]
print(random.choice(kuji))
```

又看到求籤程式了！

到目前為止，我還沒有說明過第三行程式碼，第一行是使用 import 命令匯入 random 模組。而 choice() 函數是從串列中隨機選出一個的命令。

如此一來，就解開求籤程式的所有謎團了！

MEMO

精簡模組名稱的方法①：as

使用「import 模組名稱」匯入模組之後，須指定「模組名稱.函數名稱」來使用函數。但是當程式多次執行該函數時，模組名稱太長會難以閱讀。

此時，使用「import 模組名稱 as 別名」，就能以別名來精簡模組名稱了。我們在第 4 章及第 5 章中也會使用到這個技巧。

LESSON
16

MEMO

精簡模組名稱的方法②：from

使用「import 模組名稱」匯入模組之後，須指定「模組名稱.函數名稱」來使用函數，不過其實有在函數名稱前面不寫模組名稱的方法，那就是使用「from 模組名稱 import *」。

我們在第 2 章的「烏龜繪圖」程式中有使用到這個方法。

由於匯入了標準函式庫的「turtle」模組，因此原先要使用的「turtle.shape("turtle")」，則可以改為使用「from turtle import *」，來省略掉「shape("turtle")」。

對於簡單的程式而言，精簡名稱會較方便，但是當程式變得越來越複雜時，精簡名稱會導致名稱容易衝突而發生錯誤。因此，必須謹慎使用才行。

我們在範例檔案中，以這個方法編寫了「import2.py」程式，請大家參考。

處理時間的模組

在標準模組中，有可以處理時間的模組，例如：處理日期與時間的「datetime」、獲取日曆相關資訊的「calendar」。

 那麼，我們來使用 calendar 模組顯示 12 月份的月曆。匯入 calendar 模組後，然後指定要查詢的年月就可以了。

december.py

```
import calendar ················································ 匯入calendar模組
print(calendar.month(2017,12)) ············· 顯示2017年12月的月曆
```

輸出結果

```
      December 2017
Mo Tu We Th Fr Sa Su
                1  2  3
 4  5  6  7  8  9 10
11 12 13 14 15 16 17
18 19 20 21 22 23 24
25 26 27 28 29 30 31
```

2017 年的最後一天是星期天耶！

 由於要匯入「calendar」模組來執行程式，因此檔案名稱要取「calendar.py」以外的名稱。

我們來製作「應用程式」吧！

好期待唷！

我們要製作可使用滑鼠操作的應用程式視窗畫面

應用程式視窗畫面…我懂了！
難怪到目前為止的程式，使用起來總覺得有些不同

沒錯！視窗畫面是組合元件而製作出來的

耶～
開始變得有趣了

後面還會更加有趣唷！

太好了！

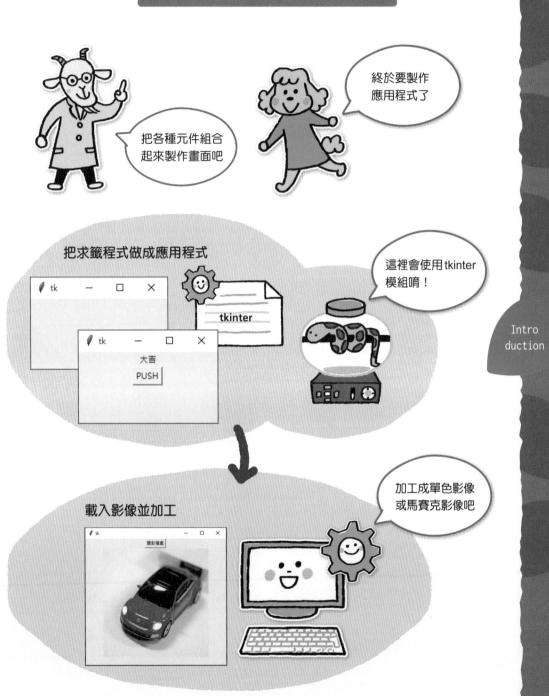

本章的學習內容

把各種元件組合起來製作畫面吧

終於要製作應用程式了

把求籤程式做成應用程式

tk
大吉
PUSH

tkinter

這裡會使用tkinter模組唷！

載入影像並加工

開啟檔盤

加工成單色影像或馬賽克影像吧

Intro
duction

121

LESSON

17

製作 GUI 應用程式

我們將使用 GUI 套件製作出圖形化使用者介面應用程式。

我們來製作「應用程式」吧！和以前不同，我們將製作「在視窗畫面中使用滑鼠及鍵盤來互動的應用程式」唷！

原來如此！之前我們使用文字和程式互動，所以我覺得這和一般的應用程式不一樣。原來是製作方法不同啊。

我們要組合元件來製作出視窗畫面。

耶！越來越有趣了。

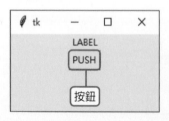

這是一個點擊按鈕時會和你打招呼的程式喔！

製作打招呼應用程式

在 Python 建立圖形化使用者介面（GUI）時，會使用到標準函式庫的「tkinter」模組。tkinter 模組是 Python 內建的 GUI 套件，也是可在視窗畫面中使用按鈕及標籤互動的函式庫。

首先，我們來製作「只顯示標籤與按鈕的應用程式」吧！

app1.py

```python
import tkinter as tk          匯入tkinter模組並使用tk簡稱


root = tk.Tk()                建立視窗畫面
root.geometry("200x100")      決定視窗畫面的大小（單位是像素）


lbl = tk.Label(text="LABEL")   製作標籤
btn = tk.Button(text="PUSH")   製作按鈕


lbl.pack()                     將標籤放置在視窗畫面中
btn.pack()                     將按鈕放置在視窗畫面中
tk.mainloop()                  顯示出製作好的視窗畫面
```

LESSON
17

輸入程式並存檔，然後和之前一樣，選擇 [Run] 選單→ [Run Module] 來執行。

輸出結果

 Windows 版本的畫面

 macOS 版本的畫面

奇怪？點擊按鈕後沒有任何反應。

 沒錯！目前只有放置了元件，但並未教它「點擊按鈕之後要做什麼」。

了解，我們必須要像教小朋友一樣，把事情一件一件地教它。

定義按鈕的動作

我們來改寫為當點擊按鈕時，標籤會顯示「你們大家好」的應用程式。

我們將增加一個顯示「你們大家好」的函數，並修改當點擊按鈕所呼叫的函數。

現在執行看看吧！當點擊按鈕時，會顯示出「你們大家好」。

app2.py

```python
import tkinter as tk


def dispLabel():                                      增加新的函數
    lbl.configure(text="你們大家好")        將標籤的文字更改為「你們大家好」


root = tk.Tk()
root.geometry("200x100")              建立視窗畫面


lbl = tk.Label(text="LABEL")
btn = tk.Button(text="PUSH", command = dispLabel)
                                      修改當點擊按鈕時執行的函數


lbl.pack()                            將標籤放置在視窗畫面中
btn.pack()                            將按鈕放置在視窗畫面中
tk.mainloop()                         顯示出製作好的視窗畫面
```

輸出結果

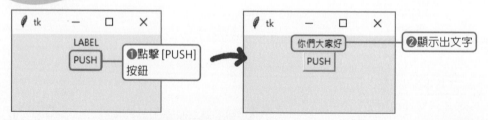

 成功了！當點擊按鈕時，就會出現「你們大家好」。

 這樣就把按鈕和程式結合了。

tkinter 的使用方法

現在,讓我們了解所建立的程式有什麼樣的結構。首先是下列二行程式。一開始是使用 tk.Tk() 建立一個視窗,接著決定這個視窗畫面的大小,然後在視窗上放置元件。

●建立視窗畫面

```
root = tk.Tk()
root.geometry("200x100")
```

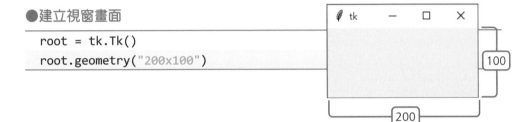

若是這個數字越大,視窗是不是也越大?

沒錯。如果想要放入很多元件的話,視窗就必須大一點才行。接下來,我們將製作標籤和按鈕了。

●製作標籤與按鈕

```
lbl = tk.Label(text="LABEL")
btn = tk.Button(text="PUSH", command = dispLabel)
```

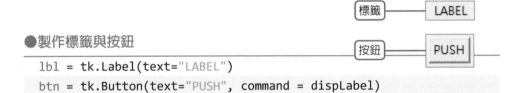

標籤與按鈕都完成了。這樣視窗畫面就做好了。

還沒唷!現在只是「製作元件」的階段。我們還要把元件放置在視窗中來顯示。我們來了解接下來的程式。

● 放置元件

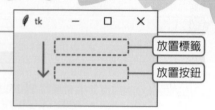

```
lbl.pack()
btn.pack()
```

放置標籤

放置按鈕

這裡會依照 pack 命令的執行順序來由上而下放置。

欸！位置會依照命令的順序改變啊。

● mainloop

```
tk.mainloop()
```

最後是 mainloop()。這個命令會將建立好的視窗畫面顯示出來，並且處理各種視窗事件。

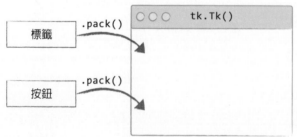

建立好視窗，也製作好元件，接著決定排列順序，最後則放置進去！

使用 .pack() 命令放置元件後，再用 tk.mainloop() 命令呈現

點擊按鈕時呼叫函數

 妳知道目前在程式中負責「點擊按鈕時執行指令」的部分在哪裡嗎？

我在按鈕部分有看到 command，是這個嗎？

```
btn = tk.Button(text="PUSH", command = dispLabel)
```

 沒錯！就是「command = dispLabel」的部分。這是「點擊按鈕時執行 dispLabel 的函數」的意思。

後面那個是函數啊。

LESSON
17

若是在製作按鈕的那一行中，寫入很多要執行的命令，就會難以閱讀。

的確如此，在一行中寫得很雜亂，就會難以閱讀。

 所以，我們事先把要執行的內容都寫在一個函數裡，然後在製作按鈕時指定函數名稱。而那個函數就是 dispLabel，我們來了解裡面的內容吧！

```
def dispLabel():
    lbl.configure(text="你們大家好")
```

 這個函數所執行的是「把標籤的文字改成"你們大家好"」。當想在點擊按鈕時執行其他操作，就直接修改函數內容。順便一提，configure 這個字有設定的意思喔。

原來如此！

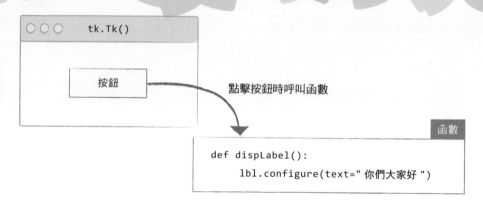

 求籤應用程式

現在，我們將修改目前的程式，來改造成「求籤應用程式」。

我們在第 2 章中製作了「求籤程式」，這裡要參考這個程式並進行修改。

首先，由於要使用隨機功能，所以加入了 import 敘述。然後修改 dispLabel 函數，以顯示求籤的結果。

只是修改了這些，就可以變成求籤應用程式了。

omikujiApp.py

```
import tkinter as tk
import random ···················· 由於要使用隨機功能，因此加入import敘述

def dispLabel():
    kuji = ['大吉', '中吉', '小吉', '凶'] ············ 準備求籤的串列
    lbl.configure(text=random.choice(kuji)) ··· 從中隨機選出一個來顯示

root = tk.Tk() ····················· 從這裡開始皆和原先的程式一樣
······略······
```

只需修改3行唷！

輸出結果

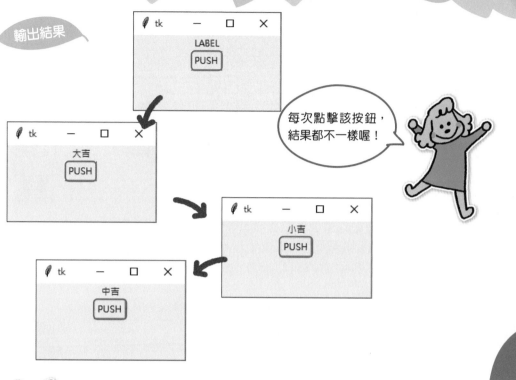

每次點擊該按鈕，結果都不一樣喔！

 事不宜遲，我們修改函數內容來做成求籤應用程式。

求籤程式再次登場！不過，這次是點擊按鈕，才會知道占卜結果，真的有自己在求籤的感覺耶。

 只要建立 GUI，就變成簡單易懂的應用程式了。

LESSON
18

載入影像檔案

當遇到標準函式庫也無法處理的事情時，就要加入第三方函式庫。我們來安裝第三方函式庫吧！

這次是製作「可顯示使用者電腦中的影像檔案」的應用程式。

越來越像應用程式了。

我們要叫出「檔案對話框」，讓使用者選擇影像檔案，然後顯示在應用程式上。

嗚，聽起來好難⋯

這種時候，有個函式庫可派上用場。「叫出檔案對話框」可由標準函式庫執行。雖然標準函式庫沒有「處理影像資料」的能力，但只要安裝第三方函式庫就行了。

哎呀！只要有函式庫的話，就可以做任何事。

函式庫

點擊該按鈕時，會顯示一個選擇影像檔案的對話框唷！

 ## 安裝函式庫

當想要顯示檔案對話框時，可使用標準函式庫的「tkinter.filedialog」模組。

但是，標準函式庫沒有處理影像資料的功能。這種時候，就要利用第三方函式庫。在第三方函式庫中，有個可以處理影像的「Pillow」函式庫，我們來安裝它吧！

訪問 Python 官方的第三方函式庫網站「PyPI（Python Package Index）」，就可以找到這些第三方函式庫了。有許多函式庫都登錄在上面。

<Python 官方的第三方函式庫網站「PyPI」>
URL https://pypi.python.org/pypi

上面有各種不同的函式庫耶！

我的能力擴大了！

要安裝第三方函式庫，需要先開啓命令提示字元，並執行 pip 命令（如果是 macOS 環境，就開啓終端機，然後執行 pip3 命令）。

pip 命令是 Python 第三方函式庫的安裝命令，在我們安裝 Python 3 時也一起安裝了。

語法：安裝第三方函式庫

```
pip install <函式庫名稱>
 （macOS環境是pip3 install <函式庫名稱>）
```

語法：解除安裝第三方函式庫

```
pip uninstall <函式庫名稱>
 （macOS環境是pip3 uninstall <函式庫名稱>）
```

語法：確認已安裝的第三方函式庫

```
pip list
 （macOS環境是pip3 list）
```

當要處理影像檔案時，需要使用「Pillow」函式庫。我們來安裝它吧！

Windows 環境的安裝方法

在 Windows 環境安裝時，需要使用命令提示字元。

1 開啓命令提示字元

首先，開啓命令提示字元。

開啓 [開始] 選單，選擇 [Windows 系統] → ❶ [命令提示字元]，就可開啓命令提示字元視窗。

2 進行安裝

執行 ❶ pip 命令來進行安裝。安裝過程會花上一些時間。

```
pip install pillow
```

LESSON
18

CAUTION 無法安裝時怎麼辦

在 Windows 環境中，若是使用者名稱以中文命名的話，可能會導致安裝無法正常運作。由於這種狀況並沒有可以輕易排除的方法，因此必須新建以英數字命名的本機使用者帳戶，然後改用那個帳號來登入系統。

當要新建本機使用者帳戶時，請到 [設定] → [帳戶] → [其他使用者] → [將其他人新增至此電腦] 來進行新增。

macOS 環境的安裝方法

在 macOS 環境安裝時，需要使用終端機。

① 開啟終端機

雙擊在 [應用程式] 資料夾的 [工具程式]
資料夾的❶終端機 .app，就可開啟終端機
視窗。

② 進行安裝

執行❶ pip3 命令來進行安裝。安裝
過程會花上一些時間。

```
pip3 install pillow
```

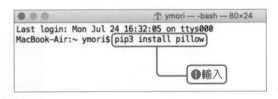

製作影像顯示應用程式

現在能處理影像了，我們來製作應用程式吧！

製作這個應用程式時會使用到：顯示視窗畫面的「tkinter」、叫出檔案對話框的
「tkinter.filedialog」、處理影像的「PIL.Image」，以及將影像顯示到 tkinter 建立好的
視窗畫面上的「PIL.ImageTk」等四個模組。

雖然程式碼有點長，但是請努力輸入。

總共有 4 個模組，
加油！

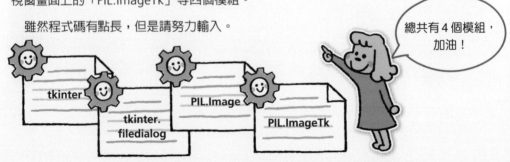

dispImage.py

```
import tkinter as tk                          ·········· 顯示視窗的模組
import tkinter.filedialog as fd               ·········· 使用檔案對話框的模組
import PIL.Image                              ·········· 處理影像的模組
import PIL.ImageTk                            ·········· 將影像顯示到tkinter建立好的視窗
                                                         畫面上的模組


def dispPhoto(path):                          ·········· 顯示影像檔案的函數
    # 載入影像
    newImage = PIL.Image.open(path).resize((300,300))··· 載入影像
    # 將影像顯示在標籤上
    imageData = PIL.ImageTk.PhotoImage(newImage)
    imageLabel.configure(image = imageData)   ·········· 將影像顯示在標籤上
    imageLabel.image = imageData


def openFile():                               ·········· 開啟檔案對話框用的函數
    fpath = fd.askopenfilename()
                    開啟檔案對話框，取得所選擇的檔案名稱
    if fpath:                                 ·········· 如果有檔案名稱時
        dispPhoto(fpath)                      ·········· 使用檔案名稱來呼叫函數


root = tk.Tk()
root.geometry("400x350")                      ·········· 建立視窗畫面

                                              製作按鈕並設定函數
btn = tk.Button(text="開啓檔案", command = openFile)
imageLabel = tk.Label()                       ·········· 製作顯示畫面用的標籤
btn.pack()                                    ·········· 將按鈕放置在視窗中
imageLabel.pack()                             ·········· 將標籤放置在視窗中
tk.mainloop()                                 ·········· 顯示出製作好的視窗畫面
```

LESSON
18

見識一下
我們的活躍吧！

雖然有點複雜，但
只要逐行閱讀，就
能理解！

tkinter

PIL.Image

tkinter.
filedialog

PIL.ImageTk

在應用程式中，點擊❶[開啓檔案]按鈕，就會開啓❷檔案對話框。然後，選擇❸影像檔案，接著點擊❹[開啓]按鈕，就會在❺應用程式畫面上顯示影像了。

輸出結果

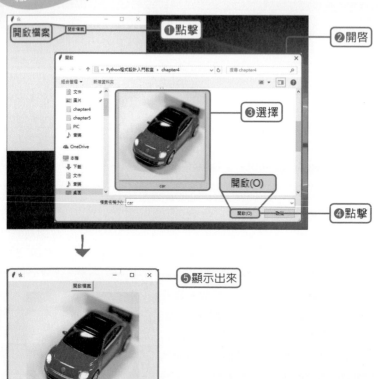

❶點擊

❷開啓

❸選擇

開啓(O)

❹點擊

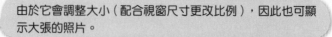

❺顯示出來

點擊[開啟]按鈕，就可顯示照片耶！

由於它會調整大小（配合視窗尺寸更改比例），因此也可顯示大張的照片。

即使如此，程式碼越來越長了。

所以，我們可加入一些註解來說明。

136

註解？

註解就是為了讓程式更清楚易懂,而寫給「人們」看的說明文。由於電腦會忽視這些註解,因此不會影響到執行。只要在程式那一行的開頭,加上一個「#」符號的話,就變成註解行了。

那麼只要寫一堆註解,就能很容易看懂程式了吧。

不過,要是塞滿一堆註解的話,真正重要的程式反而會不容易看清楚。所以,只要稍微說明一下這段程式的意思就好了,也就是「加上標題」那種感覺。

語法:註解的寫法

\# 在開頭的地方加上#符號,就可寫註解了

```
root = tk.Tk()  # 在中間加上#的話,直到換行為止都會是註解
```

這也是註解唷

加上 # 來寫註解。
但要注意不要寫得太長

LESSON
18

 MEMO

多行的註解

使用「#」符號可寫一行的註解,但其實也可寫出多行的註解。當要寫多行的註解時,只要使用「'''」(連續三個單引號)或是「"""」(連續三個雙引號)來將文字框起來。

無論使用哪種符號都可以,但是和字串一樣,必須注意兩邊使用相同的符號。

多行註解的寫法

```
"""
這行是註解
這行也是註解
"""
```

影像顯示應用程式 的內容

我們來詳細了解之前輸入的影像顯示應用程式的內容吧！

 ## 程式的整體結構

在影像顯示應用程式中有兩個函數，會在點擊按鈕時依序呼叫，來顯示出影像。

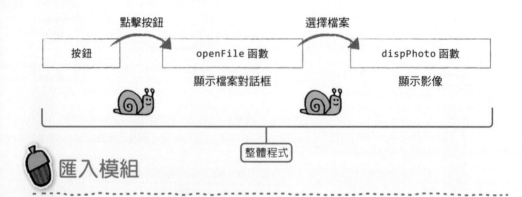

 ## 匯入模組

我們來了解目前所寫的程式是怎樣的結構。首先是第 1~4 行的部分。由於這個應用程式使用了 4 個模組，因此有 4 個 import。

displamge.py（第 1 ～ 4 行）

```
import tkinter as tk
import tkinter.filedialog as fd
import PIL.Image
import PIL.ImageTk
```

夥伴有4人！

模組

前面兩行為何多了 as…。

因為 tkinter 和 tkinter.filedialog 會使用到好幾次，而且名字也很長，所以分別使用別名 tk 和 fd 來替換。其餘兩個只會使用一次而已，所以就不用替換，直接使用即可。

建立視窗的部分

第 19~26 行是建立這個應用程式的視窗畫面的部分。建立好視窗後，製作開啟檔案的按鈕（btn）。當點擊按鈕時，執行「開啟檔案對話框」的函數（openFile）。

也就是「command = openFile」的部分。

此外，還要製作用來顯示影像的標籤（imageLabel）。這個 GUI 套件可在標籤上顯示影像。然後，我們將按鈕和標籤都放置在視窗畫面中，並執行 mainloop 來顯示。

displmage.py（第 19 ～ 26 行）

```
root = tk.Tk()
root.geometry("400x350")


btn = tk.Button(text="開啟檔案", command = openFile)
imageLabel = tk.Label()
btn.pack()
imageLabel.pack()
tk.mainloop()
```

Pack 命令會依照 btn、ImageLabel 的順序來放置按鈕及影像標籤。

沒錯，就是這樣！

 ## 開啟檔案的 openFile() 函數

在第 14~17 行的部分，是用來顯示檔案對話框的函數（openFile）。

displImage.py（第 14 ～ 17 行）

```python
def openFile():
    fpath = fd.askopenfilename()
    if fpath:
        dispPhoto(fpath)
```

fd.askopenfilename() 是叫出檔案對話框的函數。在檔案對話框出現的期間，程式的狀態會一直停在這行上。

停在這行？

在人們選擇檔案的期間，會暫時停止的意思。等到選取好檔案，並點擊 [開啟] 或 [取消] 按鈕，就會將選取的檔案名稱傳給 fpath 變數，然後繼續執行。

所以才會知道選取的檔案名稱。不過，當按下 [取消] 按鈕的話，會發生什麼事呢？

這樣就會在變數中傳入空值。如果是空值，便代表沒有檔案被選取。

還能傳入「空值」啊。

接下來的「if fpath:」會檢查這個，以確認是否有檔案名稱。如果有檔案名稱的話，則執行開啟影像的dispPhoto(fpath)；反之，如果沒有的話，就什麼都不做。

原來如此。也是會有想要選擇，但最後覺得不要選取的時候。

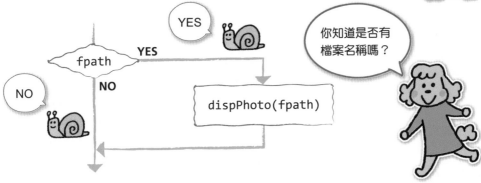

你知道是否有檔案名稱嗎？

LESSON
19

顯示影像的 dipPhoto() 函數

在第6~12行的部分是顯示影像的函數。首先，開啟影像檔案，然後調整尺寸為300x300（像素）。接著，將這個影像轉換為「可顯示在標籤的資料」，再以標籤顯示出來。

dispImage.py（第6～12行）

```python
def dispPhoto(path):
    # 載入影像檔案
    newImage = PIL.Image.open(path).resize((300,300))
    # 將影像顯示在標籤上
    imageData = PIL.ImageTk.PhotoImage(newImage)
    imageLabel.configure(image = imageData)
    imageLabel.image = imageData
```

141

觀念複習

妳知道這個程式是如何運作的嗎？

奇怪，羊博士是以「建立視窗」、「開啟檔案的函數」「顯示影像的函數」等順序來進行說明，但是在程式裡面的撰寫順序是相反的，為什麼呢？

嗯，妳問了一個好問題。這是因為「程式是由上而下來依序執行」的。

嗯，是由上而下來依序執行的規則啊。若是從下往上執行，會變得很奇怪。

沒錯，所以「函數」必須寫在「呼叫函數之前」才行。

這也和依序執行有關嗎？

因為呼叫函數時，如果還沒有定義函數，就會不知道該做什麼。

嗯，了解。

所以，在製作按鈕時寫了「command = openFile」，openFile 函數必須寫在它之前才行。另外，如果在 openFile 函數中呼叫「dispPhoto(fpath)」，則 dispPhoto 函數也必須寫在 openFile 函數之前。

函數
```
def dispPhoto(path):
    # 載入影像
    ......
```

函數必須寫在呼叫
它之前

函數
```
def openFile():
    ......
        dispPhoto(fpath)
```

```
btn = tk.Button(......, command = openFile)
```

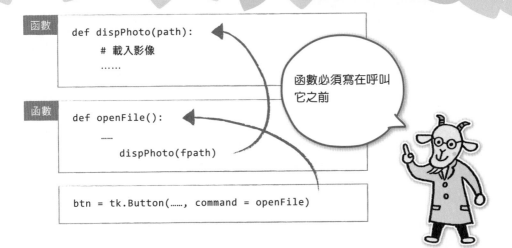

原來如此，但還真複雜。

總之，函數要寫在呼叫它之前。

不能小看「由上而下來依序執行」的規則，它是有意義的。

LESSON
19

LESSON

20

改寫應用程式

我們來改寫「影像顯示應用程式」，製作成顯示影像加工的應用
程式。

接下來是顯示影像加工的應用程式。

天啊！又要寫很長的程式嗎？

不用，我們剛才已經製作了「影像顯示應用程式」，只要稍
微修改一下，就可以變成全新的程式了。

真的嗎？那樣的話就不會很難？

加入影像加工的
功能吧！

改寫❶：轉換為單色影像

我們來改寫「影像顯示應用程式」，使影像以單色顯示。

其中如開啓檔案的處理、應用程式的視窗等基本部分都不用更動，要修改的部分只有處理影像的第 8 行程式碼而已。

載入影像，並使影像以單色顯示。

dispImageGrey.py

```
……省略……
def dispPhoto(path):
    # 載入影像，然後轉換為灰階
    newImage = PIL.Image.open(path).convert("L").resize((300,300))
……省略……
```

輸出結果

喔！影像轉換成單色了！

哎呀！真的只要修改一行就好了。好厲害！這行到底做了什麼呢？

雖然只有一行程式碼，但是其實它執行了三個函數。只要是「函數名稱()」的部分就是函數，妳看出來有三個函數連接在一起嗎？

原來這行程式寫了三個命令啊。

這是以「開啟（open）以 path 指定的影像檔案」、「將這個影像轉換（convert）為灰階」、「調整大小（resize）為300x300」的順序執行命令。

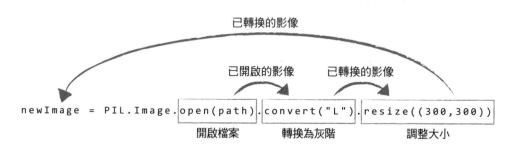

已轉換的影像

已開啟的影像　　　已轉換的影像

```
newImage = PIL.Image.open(path).convert("L").resize((300,300))
```

開啟檔案　　　　　轉換為灰階　　　　　調整大小

改寫❷：轉換為馬賽克影像

我們來進一步改寫，使影像以單色馬賽克顯示。

這也是只修改第 8 行的程式碼即可。

將影像轉換為灰階後，調低解析度，再放大尺寸，就會變成馬賽克影像了。

displmageMosaic.py

```
……省略……
def dispPhoto(path):
    # 載入影像，然後轉換為馬賽克影像
    newImage = PIL.Image.open(path).convert("L").resize((32,32)).⏎
resize((300,300))
……省略……
```

輸出結果

它變成馬賽克影像了！

這裡也是只要修改一行，而且要注意「函數名稱()」的部分。咦？找不到像是馬賽克的命令。

這裡使用了一個技巧。「開啟（open）以 path 指定的影像檔案」後，然後「將這個影像轉換（convert）為灰階」。

這裡和以前一樣。

接下來就是重點了。「縮小（resize）為 32x32（像素）」後，再「放大（resize）為 300x300（像素）」。

嗯…為什麼要做這麼奇怪的事情？

這是一個有趣的技巧。首先，縮小影像大小後，影像中的像素數目會減少。影像較大時會較平滑，但是當影像縮小後，則會出現粗糙、鋸齒狀。

147

嗯。

當像素數目減少的鋸齒狀影像，為了放大而不模糊，就會變成馬賽克影像了。

就算不使用馬賽克命令，也可以變成馬賽克影像。真有趣！

雖然命令略有不同，但其中卻隱藏著智慧喔。

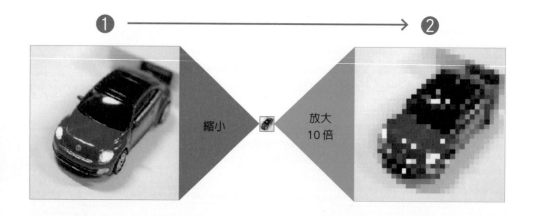

① ②

縮小　　　放大
　　　　　10 倍

第5章
與人工智慧同樂

我們來製作簡單的
人工智慧程式
「小智」吧!

用Python
可以製作
人工智慧嗎?

這裡要安裝一個製作人工智慧的「scikit-learn」便利框架哦！

以監督式學習的方式進行訓練，就可以辨識影像了

手寫數字

串列化

```
[ 0.   0.   5.  13.   9.   1.   0.   0. ]
[ 0.   0.  13.  15.  10.  15.   5.   0. ]
[ 0.   3.  15.   2.   0.  11.   8.   0. ]
[ 0.   4.  12.   0.   0.   8.   8.   0. ]
[ 0.   5.   8.   0.   0.   9.   8.   0. ]
[ 0.   4.  11.   0.   1.  12.   7.   0. ]
[ 0.   2.  14.   5.  10.  12.   0.   0. ]
[ 0.   0.   6.  13.  10.   0.   0.   0. ]
```

辨識 0

這個影像是「0」唷！

Intro duction

151

LESSON
21

人工智慧是什麼？

到目前為止，我們已經學習了 Python 語言、製作應用程式的方法，以及如何安裝新的函式庫。在本章中，我們將使用目前所學到的知識來製作出人工智慧「小智」。

羊博士，雖然我很想要製作人工智慧，但是要怎樣做呢？

呵呵呵，我們到目前為止學習了許多東西，就是為了這一刻唷！做好心理準備了嗎？終於要來製作人工智慧了。

哇～羊博士記得這件事情啊！好緊張喔。既然是人工智慧的話，那名字就叫做「小智」吧！

人工智慧也是有很多種類的，這次是製作「可以辨識手寫數字」的人工智慧。

咦！真的能看懂我寫的數字嗎？

當然！可以讓它看懂自己寫的字，很令人開心吧！

耶！小智最可愛了！你看，我就說人工智慧很可愛。

人工智慧究竟是什麼？

 話說回來，小芙啊，妳說想要製作人工智慧，但妳知道人工智慧是什麼嗎？

人工智慧很聰明！不但會說話，還會教我不懂的事情，並且會下西洋棋、將棋、圍棋，棋藝還贏過人類，也會從監視器中找出犯人。

 妳知道的可真多呢。那麼妳知道這是怎麼做到的嗎？

那個……一定是……比人工智慧還要聰明的人才能想出來的吧！

 哈哈，確實是有一群很聰明的人們花了很長的時間，才研究出來的。而且是從 1950 年開始，花了 60 年以上的時間唷！

這麼久！

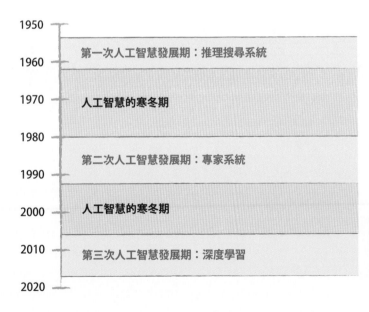

LESSON
21

真的是一段很長的歷史

第一次人工智慧發展期：推理搜尋系統

最初的人工智慧擅長計算，還會走迷宮、玩益智類遊戲。但由於缺乏「知識」，所以無法回答人們的各種提問。

感覺像是一台非常聰明的計算機。

第二次人工智慧發展期：專家系統

因此，我們開始將「專門（專家）知識」輸入到電腦中，讓它可以對各種提問做出回答，這就是所謂的「專家系統」。例如：輸入患者的症狀後，便可告知疾病名稱的系統。

很厲害不是嗎？

但是這會有一個問題。由於只能對事先準備好的知識庫搜尋，所以一旦遇到沒有準備的知識，就會無法回答。若是想要回答人們的各種提問，開發者就必須準備龐大的知識庫，這點非常困難。

要訓練人工智慧，還真是難。

第三次人工智慧發展期：深度學習

因此，人工智慧研究的進展便停滯不前了。但最近又再度有了突破。

太好了！那是怎麼突破的？

出現了機器學習中一種名為「深度學習」的方法。

機器……學習？

專家系統是由人們事先準備好知識庫，但機器學習的話，只要「輸入大量資料」，電腦就會自己進行學習，而不需要人們事先準備好知識庫。

電腦會自己學習？好聰明喔！

但為了要學習，仍是需要有大量的資料才行。幸好拜網際網路所賜，要做到這件事情並不困難。

為什麼是拜網路所賜呢？

例如：想要讓它學習「辨識貓咪的影像」，就要準備大量的貓咪影像才行。不過，只要使用網路的話，就可以收集到大量的貓咪影像了。

只要搜尋一下，就會出現一大堆。

LESSON
21

由於資料收集方便、能夠提供大量資料的緣故，因此可以製作出精確度高的人工智慧。也就是說，製作「能夠使用的人工智慧」這件事變得更容易了。

所以，最近才會這麼有人氣。

但是，其實人工智慧已經有很長一段歷史了。

為了製作人工智慧，必須先安裝需要用到的 Python 函式庫。

 ## 製作人工智慧所需的準備

首先，我們要進行製作人工智慧前的準備事項。製作人工智慧時，需要加入新的函式庫。我們來準備必須用到的函式庫吧。雖然市面上有各式各樣的函式庫，但我們在這裡選用最容易上手的「scikit-learn（sklearn）」函式庫。scikit-learn 是機器學習函式庫。此外，也會一起安裝「scipy」（科學計算函式庫）、「numpy」（數學計算函式庫）、「matplotlib」（繪圖函式庫）等。

● scikit-learn：機器學習函式庫

當輸入大量的學習用影像資料來進行訓練之後，就可以辨識所給的影像，並且預測答案。

URL http://scikit-learn.org/stable/

● scipy：科學計算函式庫

當 scikit-learn 要進行計算時，提供計算處理的功能。

URL https://www.scipy.org/

● numpy：數學計算函式庫

提供各種數學運算處理功能。將影像資料轉換為數值串列時使用。

URL http://www.numpy.org/

功能強大的夥伴們出現了！

● matplotlib：繪圖函式庫 **matpl🌀tlib**

提供將數值資料視覺化的功能。將數值串列的資料繪製成圖形時使用。

🔗 https://matplotlib.org/

 # Windows 環境的安裝方法

在 Windows 環境下安裝時，要使用到命令提示字元。

① 安裝前的準備

首先，請開啓命令提示字元視窗。

雖然第三方函式庫基本上只要使用「pip」命令就可以安裝，但是在 scikit-learn 中所用到的 numpy 及 scipy 等，在 Windows 環境的安裝方法則稍有不同。首先，執行下列命令，就可以處理 wheel 格式的檔案了。

```
pip install wheel
```

② 下載 wheel 格式的 numpy 安裝檔

請訪問下列網址，從網站下載 wheel 格式的 numpy 安裝檔，然後進行安裝。

<Unofficial Windows Binaries for Python Extension Packages>
🔗 https://www.lfd.uci. edu/~gohlke/ pythonlibs/#numpy

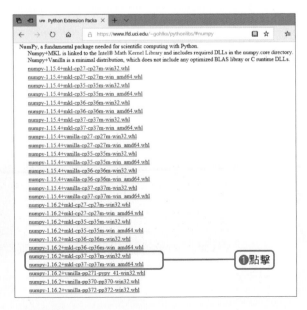

網站上的檔案分為32位元與64位元等兩種版本，點擊 ❶32位元版本的「numpy_1.16.2+mkl_cp37_cp37m_win32.whl」或是64位元版本的「numpy_1.16.2+mkl_cp37_cp37m_win_amd64.whl」來下載安裝檔。

157

③ 安裝 numpy

在命令提示字元視窗中，使用 pip 命令指定先前下載好的檔案進行安裝。在檔案路徑開頭需要輸入「C:\Users\< 使用者名稱 >」，這只要查看命令提示字元「>（提示字元）」前方，就可以知道了。

（32 位元版本）
```
pip install C:\Users\<使用者名稱>\Desktop\numpy-1.16.2+mkl-↵
cp37-cp37m-win32.whl
```

（64 位元版本）
```
pip install C:\Users\<使用者名稱>\Desktop\numpy-1.16.2+mkl-↵
cp37-cp37m-win_amd64.whl
```

CAUTION 當安裝時發生錯誤怎麼辦

執行 pip 指令時，若是出現「xxx.whl is not a supported wheel on this platform」的錯誤訊息，就表示下載的檔案與你使用的電腦作業系統環境不符。請重新回到網站，下載正確的檔案，然後再嘗試安裝一次。

④ 下載 wheel 格式的 scipy 安裝檔

scipy 的安裝方法和前面一樣。請先到下列的網址下載。

\<Unofficial Windows Binaries for Python Extension Packages\>
URL https://www.lfd.uci.edu/~gohlke/pythonlibs/#scipy

一樣會有兩種不同的檔案，點擊❶ 32 位元版本的「scipy_1.2.1_cp37_cp37m_win32.whl」或是 64 位元版本的「scipy_1.2.1_cp37_cp37m_win_amd64.whl」來下載安裝檔。

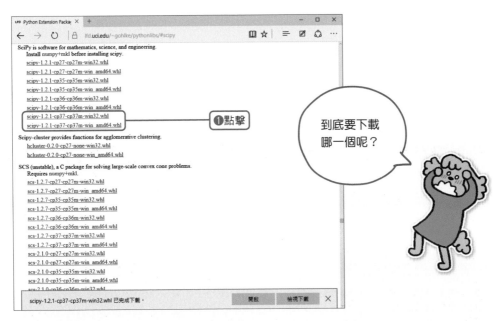

LESSON
22

⑤ 安裝 scipy

在命令提示字元視窗中，輸入下列的命令，並指定剛才下載的檔案進行安裝。

（32 位元版本）
```
pip install C:\Users\<使用者名稱>\Desktop\scipy-1.2.1-cp37-↵
cp37m-win32.whl
```

（64 位元版本）
```
pip install C:\Users\<使用者名稱>\Desktop\scipy-1.2.1-cp37-↵
cp37m-win_amd64.whl
```

⑥ 完成剩下的安裝

最後，分別完成剩下的「scikit-learn」與「matplotlib」函式庫的安裝。

```
pip install scikit-learn
pip install matplotlib
```

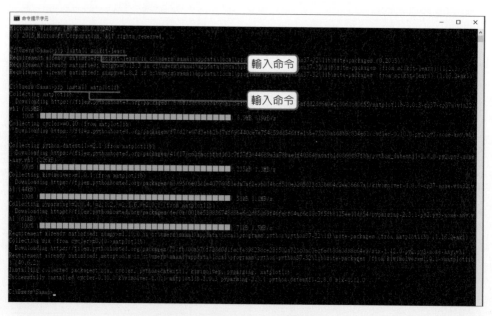

這樣就完成了 Windows 環境的「scikit-learn」的準備了。

不愧是人工智慧，要做的工夫也很多。

這次是因為在 Windows 環境的檔案格式不同，所以才會比較費事。如果檔案格式相同，那就簡單多了，但是目前還沒有整頓成功。差別就只在這點上而已。

 ## macOS 環境的安裝方法

在 macOS 環境中安裝時，要使用到終端機。

首先，請開啓終端機視窗。

然後，在 macOS 環境中，分別安裝「numpy」、「scipy」、「scikit-learn」以及「matplotlib」等四個函式庫。

```
pip3 install numpy
pip3 install scipy
pip3 install scikit-learn
pip3 install matplotlib
```

LESSON
22

這樣就完成了 macOS 環境的「scikit-learn」的準備了。

咦！在 macOS 環境中，只要這樣做就好了嗎？

沒錯。在 macOS 環境中，由於可以直接使用原本的檔案格式，因此安裝上比較簡單。

LESSON

23

挑戰機器學習

我們來挑戰機器學習吧！首先，要了解機器學習是什麼。

我們來挑戰機器學習吧！電腦是依據所輸入的大量資料來自動學習規則，它的學習方法有三種。

有三種啊？

我的名字是「小智」。請多指教！

 ## 機器學習是什麼？

所謂的「機器學習」，就是不由人們來教導知識，而是輸入大量資料給電腦，讓電腦自己進行學習的方法。

學習方法主要分為三種。

●監督式學習

 首先是「監督式學習」，這種方法是在輸入資料的時候，會一併告知「這個資料是什麼」的資訊。當電腦大量看過「問題與答案對應的資料」之後，就可以將其中的特徵學習起來，並且能判斷「對於什麼樣的問題，應該要回答什麼樣的答案」。

但是，為何要叫做「監督式學習」呢？

 這些問題與答案對應的資料，稱為「訓練資料」，就像是「監督電腦的回答正確與否」的資料。因為這種學習方法主要是「學習存在於事物的特徵」，所以就算是沒有看過的資料，只要能辨識出特徵，馬上就能理解那是什麼了。

原來是要辨識特徵來回答「那是什麼」。

 所以，我們接下來要製作的「辨識手寫數字的人工智慧」，就是要使用監督式學習的方法喔。

　　所謂的「監督式學習」，就是輸入大量「問題與答案對應的資料」來學習特徵的方法。這些標記答案的資料稱為「訓練資料」，是用來監督答案正確與否。之後，每當輸入新的資料，只要能辨識出特徵，就能回答出對應的答案。這個方法通常使用在文字辨識、聲音辨識以及翻譯等領域。

這個問題是要給這個答案嗎？

問 問 問

答 答 答

●非監督式學習

 其他還有「非監督式學習」唷！

既然是非監督式學習，就表示不輸入問題與答案對應的訓練資料。嗯？可是沒有標記答案的資料，不就什麼都回答不出來了嗎？

沒錯，所以「非監督式學習」並不是為了找出答案的學習。

這是怎麼一回事？

 這是讓電腦從大量的資料之中找出近似的資料，然後將這些資料分類的訓練。

原來是這樣。

　　所謂的「非監督式學習」，就是檢查沒有標準答案的大量訓練資料，其學習時不是為了找到答案，而是從大量資料中整理出相似的資料，來提取特徵並進行分類（分群）的方法。

我會分類唷！

●強化式學習

 再來就是「強化式學習」。這種學習方法不會輸入「問題與答案對應的資料」，而是觀察環境來學習如何找出答案。

若不輸入「問題與答案對應的資料」，怎麼知道答案呢？

 電腦會一直不斷嘗試各種答案，而當電腦回答出好的答案時，就要稱讚「你好棒！」來獎勵它。

這是被稱讚就會進步的類型啊。

例如：西洋棋、將棋、圍棋等，透過大量的對弈，來從好的結果中學習好的下法。而且電腦和電腦之間，還可以進行數億場不用休息、高速的對弈，當累積大量經驗之後，就會變成很強的人工智慧了。

好厲害！

所謂的「強化式學習」，就是嘗試各種答案，當有好的結果出現時，給予「獎勵」來強化信號的學習方法。這是一種為了找到更好方式的學習方法，所以在機器人的控制、將棋或圍棋等領域都會用到。例如：將棋的人工智慧透過進行數億場的對弈，來學習更好的下法，就連人類都已經比不過了。

看我神乎其技！

載入訓練資料並顯示

接下來，我們要製作「辨識手寫數字的應用程式」。由於是從特徵來回答「這是什麼」，因此會使用到「監督式學習」的方法。

給予大量的「數字影像」和「這是什麼數字」相對應的資料之後，電腦從中學習到「數字的特徵」。

數字「1」的影像資料

數字「2」的影像資料

就算是手寫，我也看得懂！

進行學習時，就必須有大量的資料，而在 sklearn 內建的資料集中，有測試資料可以使用。使用 datasets.load_digits() 來載入資料，其中有大量的「手寫數字影像」（data、images）以及「這是什麼數字」（target）相對應的資料。

首先，確認一下 sklearn 準備了什麼樣的資料吧！我們載入資料，然後顯示這個資料。其顯示的是「資料個數」、「第一個影像資料」以及「第一個數字是什麼」。

digitsData1.py

```
import sklearn.datasets


digits = sklearn.datasets.load_digits()


print("資料個數=",len(digits.images))
print("影像資料=",digits.images[0])
print("這個數字是=",digits.target[0])
```

輸出結果

```
資料個數= 1797
影像資料= [[  0.   0.   5.  13.   9.   1.   0.   0.]
 [  0.   0.  13.  15.  10.  15.   5.   0.]
 [  0.   3.  15.   2.   0.  11.   8.   0.]
 [  0.   4.  12.   0.   0.   8.   8.   0.]
 [  0.   5.   8.   0.   0.   9.   8.   0.]
 [  0.   4.  11.   0.   1.  12.   7.   0.]
 [  0.   2.  14.   5.  10.  12.   0.   0.]
 [  0.   0.   6.  13.  10.   0.   0.   0.]]
這個數字是= 0
```

先從「資料個數」來看，就可以知道裡面共有 1797 個資料。

而從「影像資料」可以看到一連串的數字的串列。這個資料是一個 8x8 的數值串列。以數值表示顏色的深淺，0 是代表最明亮的白色，而 16 則是代表最深暗的黑色。

最後的「這個數字是」可以知道這個數字是 0，所以這個資料代表的數字為「0」。

digits

target[0] — images[0]
0

```
[ 0.  0.  5. 13.  9.  1.  0.  0. ]
[ 0.  0. 13. 15. 10. 15.  5.  0. ]
[ 0.  3. 15.  2.  0. 11.  8.  0. ]
[ 0.  4. 12.  0.  0.  8.  8.  0. ]
[ 0.  5.  8.  0.  0.  9.  8.  0. ]
[ 0.  4. 11.  0.  1. 12.  7.  0. ]
[ 0.  2. 14.  5. 10. 12.  0.  0. ]
[ 0.  0.  6. 13. 10.  0.  0.  0. ]
```

target[1] — images[1]
1
⋮

```
[ 0.  0.  0. 12. 13.  5.  0.  0. ]
[ 0.  0.  0. 11. 16.  9.  0.  0. ]
[ 0.  0.  3. 15. 16.  6.  0.  0. ]
[ 0.  7. 15. 16. 16.  2.  0.  0. ]
[ 0.  0.  1. 16. 16.  3.  0.  0. ]
[ 0.  0.  1. 16. 16.  6.  0.  0. ]
[ 0.  0.  1. 16. 16.  6.  0.  0. ]
[ 0.  0.  0. 11. 16. 10.  0.  0. ]
```

⋮

學習中！

LESSON
23

咦？怎麼出現的不是影像，而是大量的數字？

這是將影像轉換成數值資料的結果。數字小的地方表示淺，數字大的地方表示深，當你看著它時，有看出什麼了嗎？

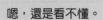
嗯，還是看不懂。

說的也是，那麼我們使用 matplotlib 函式庫，來將這個數值資料顯示成影像吧！

喔！會變怎樣呢？

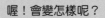

我們來將數值串列加以視覺化吧！使用 matplotlib 就可以顯示出來了。

digitsImage1.py

```
import sklearn.datasets
import matplotlib.pyplot as plt

digits = sklearn.datasets.load_digits()

plt.imshow(digits.images[0], cmap="Greys") …將數值資料製作成灰階的深淺影像
plt.show() ……………………………………………… 顯示出製作好的影像
```

輸出結果

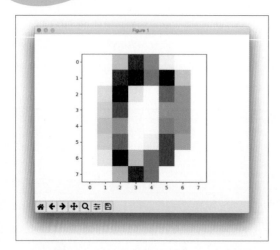

在視覺化之後，就可以知道是「0」了。

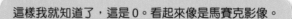

這樣我就知道了，這是 0。看起來像是馬賽克影像。

將 8x8 的數值資料視覺化之後，就會變成這種影像。人工智慧就是看著這種馬賽克影像來學習數字。

現在只有確認了第一個資料，而其他的資料又是如何呢？這次來顯示 50 個資料吧！

當要重複載入大量的資料時，就要使用 for 敘述。以「for i in range(50):」來重複進行 50 次指定的動作。

digitsImage50.py

```python
import sklearn.datasets
import matplotlib.pyplot as plt

digits = sklearn.datasets.load_digits()                          for 敘述

for i in range(50):                        重複50次
    plt.subplot(5, 10, i + 1)              以5x10的形式依序顯示
    plt.axis("off")                        不顯示框線
    plt.title(digits.target[i])            這是什麼數字
    plt.imshow(digits.images[i], cmap="Greys")
plt.show()
```

輸出結果

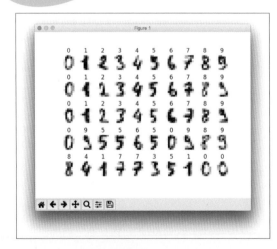

我學會 50 個了唷！

有各式各樣的手寫資料唷！像這樣的資料共有 1797 個。

使用這些資料來進行「數字的學習」吧！

從影像檔案預測數字的程式

我們來製作「從影像檔案預測數字的程式」吧！

首先，載入資料來學習數字。之後，給人工智慧看「新的數字影像」，然後預測它是什麼數字。這裡是使用「數字 2 的影像」（2.png），來讓人工智慧回答數字。

① 輸入程式

在 IDLE 中輸入程式吧！雖然有點長，但是請加油。

predictDigits.py

```python
import sklearn.datasets
import sklearn.svm
import PIL.Image
import numpy


# 將影像檔案轉換成數值串列
def imageToData(filename):
    # 將影像轉換成8x8的灰階影像
    grayImage = PIL.Image.open(filename).convert("L")
    grayImage = grayImage.resize((8,8),PIL.Image.ANTIALIAS)
    # 轉換成數值串列
    numImage = numpy.asarray(grayImage, dtype = float)
    numImage = numpy.floor(16 - 16 * (numImage / 256))
    numImage = numImage.flatten()

    return numImage


# 預測數字
def predictDigits(data):
    # 載入訓練資料
    digits = sklearn.datasets.load_digits()
    # 進行機器學習
    clf = sklearn.svm.SVC(gamma = 0.001)
    clf.fit(digits.data, digits.target)
    # 顯示預測結果
    n = clf.predict([data])
```

```
[ 0.  0.  5. 13.  9.  1.  0.  0. ]
[ 0.  0. 13. 15. 10. 15.  5.  0. ]
[ 0.  3. 15.  2.  0. 11.  8.  0. ]
[ 0.  4. 12.  0.  0.  8.  8.  0. ]
[ 0.  5.  8.  0.  0.  9.  8.  0. ]
[ 0.  4. 11.  0.  1. 12.  7.  0. ]
[ 0.  2. 14.  5. 10. 12.  0.  0. ]
[ 0.  0.  6. 13. 10.  0.  0.  0. ]
```

辨識中！

```
    print("預測=",n)
```

```
# 將影像檔案轉換成數值串列
data = imageToData("2.png")
# 預測數字
predictDigits(data)
```

② 準備一個繪製好的數字影像

在和製作好的程式檔案（py 檔案）的相同資料夾中，準備一個繪製好的數字「2」影像檔案（2.png）。儘量用較粗的線條來畫。例如：如果影像大小是 200x200 的話，那麼線條粗細使用 30 左右來畫會比較好（也可以下載並使用範例檔的影像資料）。

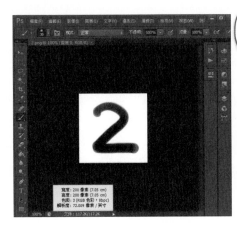

手寫出較粗的數字吧！

③ 執行程式

它預測出「2」這個數字了。人工智慧會載入這個影像，然後看懂這是數字「2」。

這是 2！

輸出結果

```
預測= [2]
```

好厲害！真的回答出「2」耶。

因為有學習過，所以能預測出來。

只是寫了這些程式，就能這麼聰明！

首先，我們來了解這個數字預測程式的詳細內容吧！

 程式的整體結構

這個程式會依序呼叫兩個函數。imageToData 函數會將數字影像轉換成數值資料，然後將資料傳給 predictDigits 函數，讓它來預測數字。

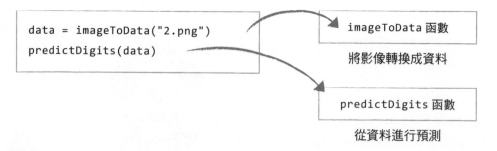

 imageToData() 函數的說明

首先，我們必須要將影像資料轉換成數值串列。而負責這部分的就是 imageToData 函數。一開始先將載入的影像檔案，轉換成灰階的馬賽克影像，然後使用 numpy 來將影像轉換成數值串列。

predictDigits.py（第6～16行）

```python
# 將影像檔案轉換成數值串列
def imageToData(filename):
    # 將影像轉換成8x8的灰階影像
    grayImage = PIL.Image.open(filename).convert("L")
    grayImage = grayImage.resize((8,8),PIL.Image.ANTIALIAS)
    # 轉換成數值串列
    numImage = numpy.asarray(grayImage, dtype = float)
    numImage = numpy.floor(16 - 16 * (numImage / 256))
    numImage = numImage.flatten()

    return numImage
```

我們來了解這個 imageToData() 函數究竟是在做什麼？最前面的兩行程式碼會將影像轉換成 8x8 的灰階影像。

這不就是顯示馬賽克影像的應用程式中所做的事嗎？

接著，調整大小為 8x8 的影像。而為了讓縮小後的影像看起來也很自然，所以縮放時要設定為平滑化（anti-alias）。而接下來的三行程式碼則會將影像轉換成數值串列。

使用 numpy 來做？

LESSON
24

沒錯。就是使用 numpy.asarray() 來將影像轉換成 8x8 的數值串列。

只使用一行程式碼就辦到了。

```python
numImage = numpy.asarray(grayImage, dtype = float)
```

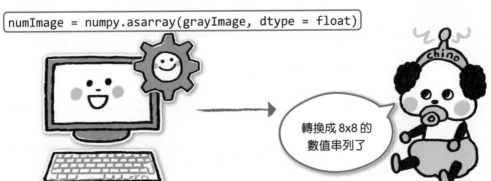

轉換成 8x8 的數值串列了

但是，這是以 255～0 的值來表示深淺的資料，而訓練資料是以用 0～16 來表示深淺的一列數值串列。所以，要使用 numpy.floor 來轉換為以 0～16 表示的深淺值，再用 flatten() 轉換為一列數值串列。如果想要知道轉換成什麼樣的資料的話，則在「numImage=」的各行下方，再加上一行「print(numImage)」，就可以看到轉換後的樣子了。

必須將資料轉換為容易學習的資料。

也就是說，imageToData() 函數會將「輸入的影像」轉換成「預測時所使用的數值串列」。

255	255	255	230	255	255	255	255
255	224	108	79	104	235	255	255
255	208	158	255	105	69	255	255
255	255	255	255	38	118	255	255
255	255	222	32	131	255	255	255
255	210	0	44	204	161	201	255
255	198	43	83	63	28	122	255
255	255	255	255	255	255	255	255

16-16*(原本的值 /256)

0	0	0	1	0	0	0	0
0	2	9	11	9	1	0	0
0	3	6	0	9	11	0	0
0	0	0	0	13	8	0	0
0	0	2	14	7	0	0	0
0	2	16	13	3	5	3	0
0	3	13	10	12	14	8	0
0	0	0	0	0	0	0	0

已變成讓人工智慧容易學習的資料了

predictDigits() 函數的說明

從轉換好的數值串列中，預測是什麼數字時，就要使用到 predictDigits() 函數。首先，使用 load_digits() 函數載入訓練資料。接著，使用 clf.fit() 函數來學習這些數字影像（data）以及其為什麼數字（target）的相對應資料。最後，將所預測影像的數值串列輸入進去，來進行「這是什麼數字」的預測，而這就是 clf.predict() 函數的工作了。

predictDigits.py（第 18 ～ 26 行）

```python
# 預測數字
def predictDigits(data):                                        ……………… 預測數字的函數
    # 載入訓練資料
    digits = sklearn.datasets.load_digits()
    # 進行機器學習
    clf = sklearn.svm.SVC(gamma = 0.001)                         ……………… 做學習前的準備
    clf.fit(digits.data, digits.target)                         ……………… 使用資料進行學習
    # 顯示預測結果
    n = clf.predict([data])                                     ……………… 預測出數字
    print("預測=",n)
```

準備好「用來預測的數值串列」後，終於要來進行預測了。

耶！

首先，使用 load_digits() 函數載入訓練資料，接下來的兩行程式碼就會使用這些資料進行學習。

嗯嗯。

在學習好之後，將「用來預測的數值串列」輸入進去。這部分是由 clf.predict([data]) 函數負責。接著，就會回傳值，而這就是預測結果，便能夠知道「這個影像是什麼數字」了。

辦到了！

LESSON
24

175

製作人工智慧應用程式「小智」

接下來，我們將會集大成目前為止所寫的程式，來製作出人工智慧應用程式喔。

恭喜！終於走到這一步了。接下來，就要將目前為止所寫的程式組合起來，製作出人工智慧應用程式喔。

終於，真的可以做出來了。

這個應用程式的使用方式很簡單，只有一個「開啟檔案」的按鈕，讓使用者點擊這個按鈕來進行操作。

嗯嗯。

在檔案對話框中選取一個影像檔案，讓應用程式預測「這是什麼數字」並同時顯示影像。只要再點擊「開啟檔案」按鈕的話，就能夠反覆進行預測喔。

聽起來好棒哦！

在「使用者選取影像並顯示」的部分，會利用到「顯示馬賽克影像應用程式」的技巧。

因為都是「點擊按鈕後，出現檔案對話框」的應用程式。

選取影像檔案後，接著利用剛才製作的「從影像檔案預測數字的程式」就可以了。

太好了！這樣就能製作出「小智」了。

分析中！

先著手製作應用程式

那麼，終於要來製作出集大成之人工智慧應用程式「小智」了。

這個應用程式可讓使用者指定一個「手寫數字的影像檔案」，然後辨識出該影像所寫的數字，並回答出來。

LESSON
25

我們會將在第4章中製作的「載入各種影像並顯示馬賽克影像的應用程式」以及本章所製作的「從影像檔案預測數字的程式」組合起來。

首先，我們來製作「應用程式」部分吧。

chino0.py

```python
import tkinter as tk
import tkinter.filedialog as fd
import PIL.Image
import PIL.ImageTk

# 將影像檔案轉換成數值串列
def imageToData(filename):
```

```python
    # 將影像轉換成8x8的灰階影像
    grayImage = PIL.Image.open(filename).convert("L")
    grayImage = grayImage.resize((8,8),PIL.Image.ANTIALIAS)
    # 顯示影像
    dispImage = PIL.ImageTk.PhotoImage(grayImage.resize((300,300)))
    imageLabel.configure(image = dispImage)
    imageLabel.image = dispImage

# 開啓檔案對話框
def openFile():
    fpath = fd.askopenfilename()
    if fpath:
        # 將影像檔案轉換成數值串列
        data = imageToData(fpath)

# 建立應用程式的視窗畫面
root = tk.Tk()
root.geometry("400x400")

btn = tk.Button(root, text="開啓檔案", command = openFile)
imageLabel = tk.Label()

btn.pack()
imageLabel.pack()

tk.mainloop()
```

以上部分和我們在第 4 章所製作的「顯示馬賽克影像應用程式」幾乎相同。

由於顯示影像檔案的函數會在這裡將影像檔案轉換成數值串列，因此定義函數名稱為 imageToData()。

在開啓檔案對話框的 openFile() 函數中，當從檔案對話框中選取影像檔案之後，就呼叫 imageToData() 函數。

最後，建立應用程式的視窗畫面，然後放置按鈕以及用來顯示影像的標籤。

測試應用程式

首先，我們來測試看看這個階段的應用程式吧！

點擊❶[開啟檔案]按鈕後，開啟檔案對話框，接著選擇❷影像檔案，並點擊❸[開啟]按鈕來載入影像，最後顯示❹8x8（像素）的灰階影像。

輸出結果

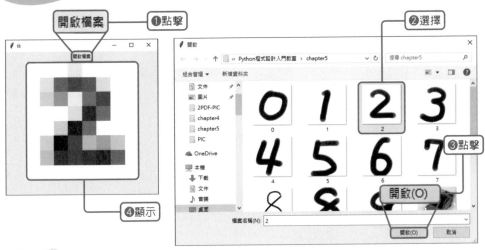

可以載入影像並顯示出來了。

因為是 8x8（像素），所以變得很粗糙。

接下來，要加入「可以預測數字的人工智慧」。

要增加功能了唷！

LESSON
25

LESSON

26

使人工智慧應用程式 「小智」成長

我們將在 LESSON 25 中寫好的人工智慧應用程式裡,再加入「從影像檔案預測數字的程式」。

①匯入模組

首先,匯入多個模組。請加入從「# 機器學習要使用到的模組」這行以下的程式碼。

chino.py

```python
import tkinter as tk
import tkinter.filedialog as fd
import PIL.Image
import PIL.ImageTk
# 機器學習要使用到的模組
import sklearn.datasets
import sklearn.svm ·································增加三個模組
import numpy
```

哇!好多個 import。

我們將使用到這些模組。

交給我吧!

②修改 imageToData() 函數

imageToData() 函數是用來顯示影像檔案後，轉換成數值串列並回傳。在函數的最後，加入從「# 轉換成數值串列」這行以下的程式碼。

chino.py

```python
# 將影像檔案轉換成數值串列
def imageToData(filename):
    # 將影像轉換成8x8的灰階影像
    grayImage = PIL.Image.open(filename).convert("L")
    grayImage = grayImage.resize((8,8),PIL.Image.ANTIALIAS)
    # 顯示影像
    dispImage = PIL.ImageTk.PhotoImage(grayImage.
                                        resize((300,300)))
    imageLabel.configure(image = dispImage)
    imageLabel.image = dispImage
    # 轉換成數值串列
    numImage = numpy.asarray(grayImage, dtype = float)      ┐……增加這四行
    numImage = numpy.floor(16 - 16 * (numImage / 256))      │
    numImage = numImage.flatten()                           │
    return numImage                                         ┘
```

將 8x8 像素的灰階影像資料轉換成數值串列之後，使用 return 回傳值給原呼叫的函數。

也就是把轉換後的資料輸入給人工智慧。

③新增 predictDigits() 函數

接著，在 imageToData() 函數的正下方，增加用來預測數字的 predictDigits() 函數。載入訓練資料並進行機器學習之後，輸入以 imageToData() 函數轉換後的數值串列，然後預測數字。最後，將預測結果顯示在標籤中。

LESSON
26

chino.py

```python
# 預測數字
def predictDigits(data):
    # 載入訓練資料
    digits = sklearn.datasets.load_digits()
    # 進行機器學習
    clf = sklearn.svm.SVC(gamma = 0.001)
    clf.fit(digits.data, digits.target)
    # 顯示預測結果
    n = clf.predict([data])
    textLabel.configure(text = "這個影像是數字"+str(n)+"唷！")
```

學習中！

整段加入

和我們在「預測數字的程式」中所寫的 predictDigits() 函數幾乎相同。最後的顯示部分是顯示在應用程式的標籤中。而為了看起來更清楚易懂，所以增加了文字。

變成「這個影像是數字○○唷！」之後，感覺好像它真的在說話。

 ## ④修改 openFile() 函數

在 openFile() 函數中，於選取檔案之後，增加預測數字的處理。請加入從「# 預測數字」這行以下的程式碼。

chino.py

```python
# 開啓檔案對話框
def openFile():
    fpath = fd.askopenfilename()
    if fpath:
        # 將影像檔案轉換成數值串列
        data = imageToData(fpath)
        # 預測數字
        predictDigits(data) ……… 增加一行
```

O…

當使用者選取影像檔案之後，就依序執行「將影像檔案轉換成數值串列」、「預測數字」。

先轉換成人工智慧能理解的資料後，再輸入給人工智慧。

 ⑤修改建立視窗畫面的部分

現在，我們在視窗畫面上增加「顯示預測結果的標籤」部分。最後，加入從「# 顯示預測結果的標籤」這行以下的二行程式碼。

chino.py

```python
# 建立應用程式的視窗畫面
root = tk.Tk()
root.geometry("400x400")

btn = tk.Button(root, text="開啓檔案", command = openFile)
imageLabel = tk.Label()
btn.pack()
imageLabel.pack()

# 顯示預測結果的標籤
textLabel = tk.Label(text="辨識手寫數字！")
textLabel.pack()

tk.mainloop()
```

這下總算完成了吧？

沒錯！我們修改完成了，最後讓我們再看一下整個程式吧。

chino.py（完成）

```python
import tkinter as tk
import tkinter.filedialog as fd
import PIL.Image
import PIL.ImageTk
# 機器學習要使用到的模組
import sklearn.datasets
import sklearn.svm
import numpy
```

模組

```
[ 0.  0.  5. 13.  9.  1.  0.  0. ]
[ 0.  0. 13. 15. 10. 15.  5.  0. ]
[ 0.  3. 15.  2.  0. 11.  8.  0. ]
[ 0.  4. 12.  0.  0.  8.  8.  0. ]
[ 0.  5.  8.  0.  0.  9.  8.  0. ]
[ 0.  4. 11.  0.  1. 12.  7.  0. ]
[ 0.  2. 14.  5. 10. 12.  0.  0. ]
[ 0.  0.  6. 13. 10.  0.  0.  0. ]
```

```python
# 將影像檔案轉換成數值串列
def imageToData(filename):
    # 將影像轉換成8x8的灰階影像
    grayImage = PIL.Image.open(filename).convert("L")
    grayImage = grayImage.resize((8,8),PIL.Image.ANTIALIAS)
    # 顯示影像
    dispImage = PIL.ImageTk.PhotoImage(grayImage.
                                      resize((300,300)))
    imageLabel.configure(image = dispImage)
    imageLabel.image = dispImage
    # 轉換成數值串列
    numImage = numpy.asarray(grayImage, dtype = float)
    numImage = numpy.floor(16 - 16 * (numImage / 256))
    numImage = numImage.flatten()
    return numImage
```

```python
# 預測數字
def predictDigits(data):
    # 載入訓練資料
    digits = sklearn.datasets.load_digits()
    # 進行機器學習
    clf = sklearn.svm.SVC(gamma = 0.001)
    clf.fit(digits.data, digits.target)
    # 顯示預測結果
    n = clf.predict([data])
    textLabel.configure(text = "這個影像是數字"+str(n)+"唷！")
```

2…

```
# 開啓檔案對話框
def openFile():
    fpath = fd.askopenfilename()
    if fpath:
        # 將影像檔案轉換成數值串列
        data = imageToData(fpath)
        # 預測數字
        predictDigits(data)
```

```
# 建立應用程式的視窗畫面
root = tk.Tk()
root.geometry("400x400")
```

```
btn = tk.Button(root, text="開啓檔案", command = openFile)
imageLabel = tk.Label()
btn.pack()
imageLabel.pack()
```

```
# 顯示預測結果的標籤
textLabel = tk.Label(text="辨識手寫數字！")
textLabel.pack()
```

```
tk.mainloop()
```

這樣，我們終於完成人工智慧應用程式「小智」了。

好害羞唷！

啓動人工智慧「小智」

點擊「開啓檔案」按鈕後,開啓檔案對話框,然後選取影像檔案,點擊 [開啓] 按鈕,這樣就會轉換成 8x8(像素)的影像來顯示,並回答這是什麼數字。試著讓它載入各種手寫數字影像,它真的可以看懂唷!

你可以使用自己製作的手寫數字,也可以下載並使用範例檔。如果是自己畫手寫數字的話,則記得使用粗一點的線條來繪製。

來手寫出各種數字吧!

輸出結果

這個影像是數字[0]唷!

這個影像是數字[1]唷!

這個影像是數字[2]唷!

這個影像是數字[3]唷!

這個影像是數字[4]唷!

這是在 Windows
環境所執行的結果

輸出結果

這個影像是數字[5]唷！

這個影像是數字[6]唷！

這個影像是數字[7]唷！

這個影像是數字[8]唷！

這個影像是數字[9]唷！

在 macOS 環境下，也會出現相同的結果

好厲害！我寫的字全部都看得懂耶。

終於完成了，恭喜！

LESSON
26

MEMO 關於辨識失誤的數字

在這個應用程式中所使用的「數字訓練資料」，全部都是「以粗線條書寫的數字」。因此，使用相同粗細的筆刷來書寫數字，才會比較容易辨識出來，若是使用細線條書寫的數字，就會因為「和學習過的影像不同特徵」而被誤判。例如：用細線條書寫的數字「8」，被誤判成數字「9」了。這就是「以學習特徵的方式來尋找答案」時會發生的問題。

08

這個影像是數字[9]唷！

LESSON
27

未來的學習方向

我們終於把人工智慧應用程式製作出來了。那麼，接下來我們還需要學習什麼呢？

 ## 先從 scikit-learn 著手

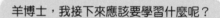

羊博士，我接下來應該要學習什麼呢？

到目前為止的學習，都是以「為了讓小芙這個新手，可以寫出人工智慧應用程式」為目標而進行的學習。所以，是以儘量簡化的方式來說明人工智慧。

謝謝羊博士的指導！

雖然「預測手寫數字」是利用 scikit-learn 這個機器學習函式庫製作的，但其實這個函式庫的運用包含了監督式學習的「分類」（classification）及「迴歸」（regression），以及非監督式學習的「分群」（clustering）與「維度縮減」（dimensional reduction）。

哇！有各種方式啊。

「預測手寫數字」就是利用其中的「分類」功能，也就是「這個影像分類為哪個數字？」的處理。如果使用「迴歸」的話，還可以從大量的資料中判讀出資料的傾向，可以用在股市的預測、明日氣溫預測等方面。

還可以做到這些事情啊。

所以,先從 scikit-learn 的各種範例開始著手,是個不錯的開始。

如果只是要拿範例來試試看的話,沒問題!

而機器學習函式庫除了 scikit-learn 之外,也有如「TensorFlow」、「Chainer」、「Theano」等各種函式庫,挑選覺得有趣的函式庫來試試看也是一種方式喔。

有好多種哦!

如果不想讓人工智慧自己想辦法學習的話,就需要大量收集資料,這種時候可以學習一下「Web scraping」這種從網站上抽取資料的技術。

透過網路一定可以收集到很多資料!

從實作中學習

總而言之,先動手做些什麼吧。即使覺得自己對書上或網路上的知識都已經學會了,等到實際動手做時,還是會有新的發現喔。

是沒錯啦。

如果覺得挑戰魔王等級的大型程式很難的話,那就從你認為「簡單」等級的程式來開始挑戰,然後再慢慢往上升級,也是不錯的方法。

那我先從一點一點把「小智」養大開始!

LESSON
27

索引